DAS GROSSE ROBLOX-BUCH

EIN INOFFIZIELLER GUIDE

David Jagneaux

dpunkt.verlag

Dieses Buch ist allen angehenden Game-Designern und Spielern gewidmet, die ihre kühnsten Träume in die Realität bringen wollen. Hoffentlich inspiriert dich dieses Buch und gibt dir all die Werkzeuge an die Hand, die du brauchst, um deine Ideen zum Leben zu erwecken.

Darüber hinaus möchte ich dieses Buch meiner Frau, meiner Familie und meinen Freunden widmen, die mich stets dabei unterstützt und ermutigt haben, mit dem Schreiben über Videospiele meinen Lebensunterhalt zu verdienen.

David Jagneaux

Lektorat: Boris Karnikowski
Übersetzung und Satz: Michael Schmithäuser
Copy-Editing: Petra Kienle, Fürstenfeldbruck
Herstellung: Stefanie Weidner
Umschlaggestaltung: Michael Oreal, www.oreal.de
Druck und Bindung: M.P. Media-Print Informationstechnologie GmbH, 33100 Paderborn

Bibliografische Information der Deutschen Nationalbibliothek
Die Deutsche Nationalbibliothek verzeichnet diese Publikation in der Deutschen Nationalbibliografie; detaillierte bibliografische Daten sind im Internet über http://dnb.d-nb.de abrufbar.

ISBN:
Print 978-3-86490-633-6
PDF 978-3-96088-671-6
ePub 978-3-96088-672-3
mobi 978-3-96088-673-0

1. Auflage 2019

5 4 3 2 1 0

INHALT

EINLEITUNG

Hast du schon mal den Wunsch verspürt, in einem Videospiel etwas zu ändern – die Fähigkeiten der Charaktere, die Art der Spielwelt oder den Aufbau eines Levels? Oder hast du schon einmal mit dem Bau eines richtig hohen LEGO-Turms begonnen und sind dir dann die Steine ausgegangen? Kannst du eine dieser Fragen mit „Ja" beantworten, wirst du Roblox lieben! Mit Roblox gestaltest du Videospiele oder digitale Welten genau so, wie du sie dir vorstellst – du bist nicht mehr auf die Titel der großen Unterhaltungskonzerne angewiesen.

In Roblox triffst du deine Freunde in Tausenden unterschiedlichen Spielwelten. Einige Spiele laden zum Herumhängen ein, andere geben dir Ziele vor und wieder andere drehen sich um den Bau von Städten oder ganzen Welten.

Roblox verleiht dir die Macht, jedes Spiel realisieren zu können, das du dir erträumst. Ein paar Beispiele:

- Erschaffe deine eigene Insel mit einer Villa voll mit deinen Lieblingsdingen und lade deine Freunde zu einer virtuellen Party ein.
- Beschwöre eine Zombie-Apokalypse herauf und kämpfe mit deinen Freunden gegen tödliche Monster.
- Erbaue etwas ganz Verrücktes wie ein riesiges Süßigkeiten-Land, in dem man Kaugummi sammelt.

Dieses Buch zeigt dir im Detail, wie du atemberaubende Games für dich und deine Freunde realisierst. Du wirst folgende Dinge herausfinden:

- **Was gibt´s auf der Roblox-Site:** So verwendest du die Website und spielst die Games anderer User.
- **So verwendest du Roblox Studio:** Dabei handelt es sich um das Werkzeug, mit dem du deine eigenen Spiele gestaltest.
- **So erschaffst du faszinierende Welten:** Landschaften und riesige Spielwelten gestalten.
- **Füge deinen Welten lustige Charaktere und Objekte hinzu:** Gebäude, Autos, Waffen, Gegner und alles andere, was dir in den Sinn kommt!
- Scripts **anwenden:** Mit Scripts hauchst du deinen Welten Leben ein.
- **Gute Quests und Missionen gestalten:** Würze dein Spiel mit Zielen und einer packenden Story.
- **Mehrspieler-Spaß:** Ideen wie Highscore-Listen, Zusammenarbeit mit anderen Spielern und Rennen gegen die Zeit.
- **Geld verdienen mit Roblox:** Wenn deine Eltern damit einverstanden sind, kannst du sogar echtes Geld mit deinen Spielen verdienen!

Ich wette, dass bereits Millionen Ideen für deine Spiele in deinem Kopf herumschwirren. Lass uns loslegen!

ROBLOX IST IM STÄNDIGEN WANDEL

Dieses Buch enthält viele Informationen zu Roblox, doch es erhebt keinen Anspruch auf Vollständigkeit. Wie alle guten Game-Designer nehmen auch die Entwickler von Roblox ständig Verbesserungen an ihrem Produkt vor. Das macht es unmöglich, jeden einzelnen Aspekt ausführlich zu beleuchten. Alle wichtigen Grundlagen werden jedoch behandelt.

In diesem Buch wirst du auch keine Anleitungen nach dem Muster „Schnell reich werden" zum Geld verdienen mit der Robux-Währung finden. Egal, was du im Internet gelesen hast: der einzige Weg zum Geldverdienen in Roblox führt über harte Arbeit, Kreativität und Hingabe.

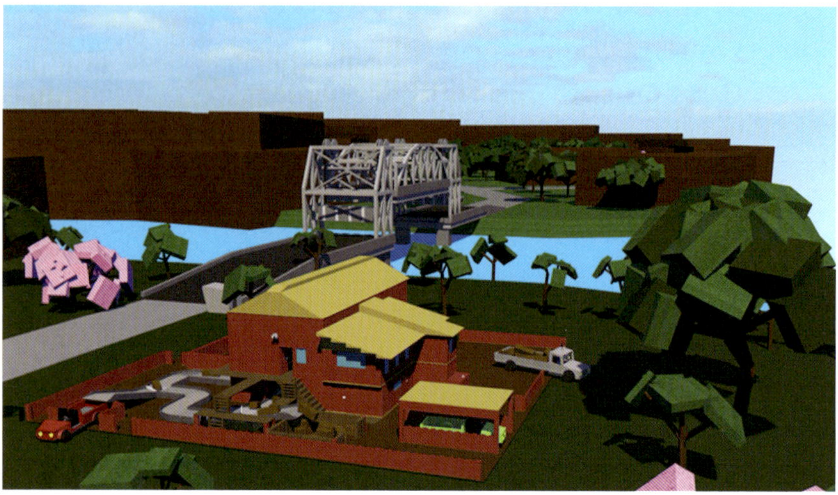

Roblox User: Defaultio

EIN ROBLOX-SPIEL MIT DEM TITEL „LUMBER TYCOON 2"

TEIL 1

GRUNDLAGEN

KAPITEL 1

DAS ROBLOX-EINMALEINS

Baust du gerne Häuser, Fahrzeuge oder Fantasiegebilde aus LEGO-Steinen? Oder beschäftigst du dich lieber mit Bausteinen aus Holz oder Metall? Wenn dir solche Kreativ-Spielzeuge Spaß bereiten, hast du die Essenz von Roblox bereits erfasst. Roblox ist ein riesiger Baukasten in digitaler Form. Da Roblox nur im Computer existiert, lässt es sich vollkommen frei anpassen und verändern. Roblox-Titel kannst du mit Spielern aus aller Welt spielen. Es handelt sich um eine flexible Plattform, auf der Menschen zusammenkommen und Tausende Spiele ausprobieren, die andere Personen erschaffen haben, miteinander reden und sich austauschen.

Roblox ging 2006 an den Start. Mittlerweile hat Roblox **30 Millionen** Mitglieder, 300 Millionen Stunden Spielzeit und über 500.000 User, die aktiv Inhalte für andere Spieler entwickeln.

Roblox User: City Horizons Fan Club
EIN BILD AUS DEM ROBLOX-SPIEL „HORIZONS"

In diesem Kapitel erfährst du, warum Menschen Roblox spielen, wo die Gemeinsamkeiten mit Minecraft liegen, wie du dein eigenes Roblox-Konto anlegst und was dich nach dem Einloggen auf der Website erwartet. Darüber hinaus lernst du verschiedene Wege kennen, wie du die vielen Roblox-Titel unabhängig von deiner Gaming-Plattform spielen kannst.

WARUM MIT ROBLOX SPIELEN?

In Roblox kannst du alles tun, was du möchtest, und in jede beliebige Rolle schlüpfen. Du kannst das neueste Star-Wars-Game spielen, um dich wie ein Jedi zu fühlen, oder das aktuelle Madden NFL, wenn du zum Football-Star werden willst. Wenn du allerdings dein eigenes Restaurant eröffnen und deine Gäste im Spiderman-Kostüm bedienen möchtest, kommst du mit gekauften Spielen nicht weit.

In Roblox werden die Grenzen nur durch deinen Willen zu lernen gesetzt. Es ist zwar unmöglich, nur durch Lesen eines Buchs wie diesem alles über Roblox zu erfahren, da die Plattform steter Veränderung unterworfen ist. Doch es ist eine sehr gute Ausgangsbasis für deine Projekte.

Ein weiterer faszinierender Aspekt von Roblox sind all die Dinge, die du darin tun kannst. Wenn du möchtest, kannst du spielen und gestalten, ohne einen Cent dafür zu bezahlen. Du kannst Spiele aus LEGO-Steinen erschaffen oder riesige Welten mit Flüssen und Bergen. Viele investieren Stunden in das Feintuning ihrer Welten und machen daraus Spiele, die sie nur mit ihren Freunden teilen.

IST ROBLOX WIE MINECRAFT?

Aufgrund der vorangegangenen Beschreibung fühlst du dich sicherlich an einen anderen, sehr beliebten Welten-Baukasten erinnert: Minecraft.

Mojang AB
EIN SCREENSHOT DES SPIELS MINECRAFT

Während sich beide Plattformen auf den ersten Blick sehr ähneln, sind sie in Wirklichkeit grundverschieden:

MINECRAFT VS. ROBLOX	
MINECRAFT	ROBLOX
Zufällig gestaltete Spielwelten	Von Grund auf selbst gestaltete Spielwelten
Fokus auf Aufbau und Überleben	Völlig frei gestaltbare Inhalte
Alle Welten sehen ähnlich aus.	Welten unterscheiden sich stark.

EIN ROBLOX-KONTO EINRICHTEN

Als Erstes legst du ein Konto bei Roblox an. Besuche die Website www.roblox.com, woraufhin in der Seitenmitte das Registrierungsfeld erscheint:

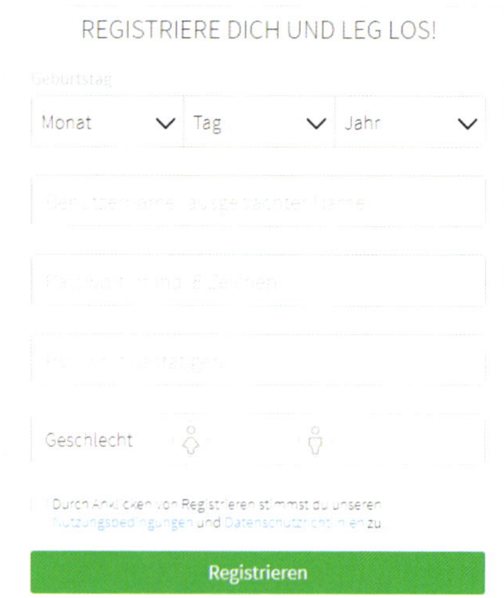

Roblox Corporation
DAS REGISTRIERUNGSFELD

Die Kontoeinrichtung ist kurz und schmerzlos. Am besten füllst du die Felder zusammen mit einem Elternteil aus. Um ein Konto einzurichten, musst du folgende Informationen in die Felder eingeben:

GEBURTSTAG

Sei ehrlich und gib dein echtes Geburtsdatum ein. Bist du unter 13, müssen deine Eltern der Anmeldung zustimmen (Fragen und Antworten für Eltern finden sich am Ende dieses Buchs).

BENUTZERNAME

Mit diesem Namen können dich andere Spieler identifizieren. Der Benutzername wird über deinen Spielcharakteren angezeigt, erscheint in deinem Profil, taucht in Highscore-Listen auf und wird an vielen weiteren Stellen verwendet. Wähle einen Namen, der zu dir passt und den andere Spieler ohne Probleme sehen dürfen, aber verwende keinesfalls deinen echten Namen – andernfalls können andere Personen Rückschlüsse auf dein reales Leben ziehen. Sollte dein Benutzername vergeben sein, macht dich die Website darauf aufmerksam und bittet dich, einen anderen zu wählen. Sprich mit deinen Eltern, bevor du dich endgültig festlegst.

PASSWORT

Dein Passwort muss mindestens acht Zeichen haben und aus Buchstaben und Ziffern bestehen. Verwende niemals deinen Namen oder Benutzernamen, um es potenziellen Hackern nicht zu einfach zu machen. Verwende auch Groß- und Kleinschreibung sowie Sonderzeichen und notiere das Passwort auf einem Blatt Papier. Sprich mit deinen Eltern über die Wahl des richtigen Passworts. Bestätige am Ende das Passwort, indem du es noch mal eingibst.

GESCHLECHT

Die Wahl des Geschlechts spiegelt sich auch im Aussehen deines Avatars wieder und intensiviert die Verbindung, die du zu deinem Charakter aufbaust.

FINALE SCHRITTE

1. Setze ein Häkchen in die Box neben den Nutzungsbestimmungen, die du sorgfältig durchlesen und

auch mit deinen Eltern besprechen solltest, bevor du sie akzeptierst.

2. Drücke auf „Registrieren"!

E-MAIL-ADRESSE HINZUFÜGEN

Sicherlich ist dir aufgefallen, dass du beim Registrieren keine E-Mail-Adresse angeben musstest. Wenn du über 13 Jahre alt bist, brauchst du keine Mail-Adresse einzugeben, um mit Roblox zu beginnen. Allerdings brauchst du eine E-Mail-Adresse, um beispielsweise die Foren zu nutzen sowie Robux zu erwerben und auszugeben. Robux ist eine virtuelle Währung, die zum Erwerb von Dingen wie Upgrades und speziellen Items in Spielen verwendet wird.

Roblox Corporation
DAS ICON FÜR DIE KONTOEINSTELLUNGEN

Klicke nach dem Login auf das kleine Zahnrad rechts oben und wähle die Option „Einstellungen" aus dem Menü. Du gelangst zur Seite „Meine Einstellungen", in der du unter anderem deine E-Mail-Adresse angeben kannst. Nachdem du das getan hast, erhältst du eine Bestätigungsmail mit einem Link, der zur Verifizierung deines E-Mail-Kontos dient. Klicke auf diesen Link und alle relevanten Grundeinstellungen sind erledigt.

DEIN PROFIL VERVOLLSTÄNDIGEN

Die Einstellungsseite ist in zwei große Bereiche unterteilt: „Persönliches" und „Soziale Netzwerke". Unter „Persönliches" findest du die während der Registrierung gemachten Angaben – diese kannst du ändern, aber schreibe hier nichts Persönliches rein!

Roblox Corporation
DIE KONTOEINSTELLUNGEN

In den Bereich „Soziale Netzwerke" kannst du – wenn es von deinen Eltern abgesegnet wurde – Links zu deinen Konten in Netzwerken wie Facebook, Twitter, YouTube und Twitch eingeben. Hier gibt es auch eine Option, die diese Links nur für bestimmte Personenbereiche sichtbar macht: Niemand, Jeder, Freunde, Follower und Benutzer, denen du folgst. Wähle die Option, mit der du und deine Eltern leben können.

ZUSÄTZLICHE KONTOEINSTELLUNGEN

Beim Einrichten deines Kontos hast du lediglich ein einziges Passwort vorgegeben – mit zusätzlichen Schutzmechanismen machst du dein Konto noch sicherer. Die dazu nötigen Einstellungen findest du unter „Meine Einstellungen“ im Untermenü „Sicherheit“.

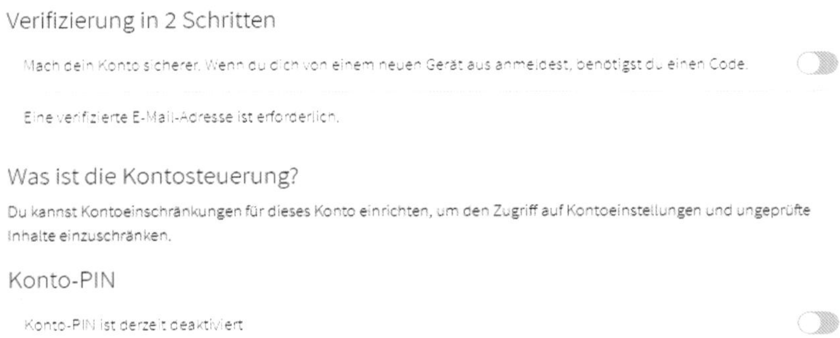

Roblox Corporation
ERWEITERTE SICHERHEITSEINSTELLUNGEN

Ganz oben findest du die „Verifizierung in 2 Schritten“. Versucht sich jemand auf einem bislang nicht registrierten Gerät in dein Konto einzuloggen, wird eine E-Mail mit einem Zugangscode an die mit dem Konto verknüpfte E-Mail-Adresse geschickt. Wird dieser Code nach dem Login nicht eingegeben, ist ein Zugriff von diesem Gerät aus nicht möglich.

Diese Funktion bietet zusätzliche Sicherheit gegen Hacker-Angriffe und macht es dir dennoch leicht, mit einem anderen Computer, einem neuen Tablet oder Ähnlichem auf dein Roblox-Konto zuzugreifen.

VERRATE NIE DEIN PASSWORT!

Wenn dich jemand in einer Nachricht oder in einem Pop-Up-Fenster im Spiel nach deinem Passwort fragt, gib es niemals preis! Höchstwahrscheinlich handelt es sich um einen Hacker-Angriff – selbst dann, wenn das Pop-Up sehr offiziell aussieht. Die Roblox-Entwickler werden nie während eines Spiels nach deinem Passwort fragen.

Eine weitere Sicherheitsebene etablierst du durch die Eingabe einer Konto-PIN, die du beim Einloggen zusätzlich zu deinem Passwort eingeben musst. Der Bereich „Kontoeinschränkungen" ist für deine Eltern von Interesse, damit sie den Zugriff auf Inhalte beschränken können, die für die jeweilige Altersgruppe geeignet sind. Mit der Option „Sicher abmelden" loggst du dich bei all deinen Geräten gleichzeitig aus.

ZUSÄTZLICHE DATENSCHUTZEINSTELLUNGEN

Im Bereich „Datenschutz" unter „Meine Einstellungen" legst du oder deine Eltern fest, wer dich im Spiel kontaktieren und dir Einladungen schicken darf. Das erste Feld ist automatisch auf „Standard" gestellt, was alle folgenden Optionen auf Freunde beschränkt. Du kannst auf Wunsch für jeden Bereich gesonderte Einstellungen vornehmen. So legst du fest, wer dir Nachrichten schicken darf, mit dir in der App chatten kann und wer innerhalb eines Spiels mit dir Kontakt aufnehmen kann.

Roblox Corporation
DATENSCHUTZEINSTELLUNGEN

Die zwei unteren Einstellungen bestimmen, wer dich auf VIP-Server einladen und deinen Spielen beitreten kann.

ZAHLUNGEN

Bei der Einrichtung eines Roblox-Kontos landest du automatisch im kostenlosen Bereich. Möchtest du dein Konto aufwerten, solltest du auf „Zahlungen" klicken. Hier kannst du die Schaltfläche „Builders Club beitreten" anklicken. Wenn du Roblox hauptsächlich zum gelegentlichen Spielen kostenloser Games nutzt, kannst du auf eine Mitgliedschaft verzichten. Möchtest du jedoch einige Gegenstände in deinen Spielen verkaufen, solltest du zusammen mit deinen Eltern die Bedingungen für eine Mitgliedschaft prüfen. Mehr zum Builders Club erfährst du in Kapitel 2.

BENACHRICHTIGUNGEN

Der letzte Menüpunkt unter den Einstellungen nennt sich „Benachrichtigungen". In zwei Bereichen legst du fest, ob und wie du von Roblox benachrichtigt wirst:

- „Benachrichtigungs-Stream": legt fest, welche Meldungen in deinem Stream unter Roblox erscheinen.
- „Desktop-Push": dient zur Steuerung von Nachrichten, wenn Roblox geschlossen ist oder du dich gerade in einem Spiel befindest.

DIE ROBLOX-WEBSITE IM DETAIL

Wenn du dich auf einem Computer in Roblox einloggst, sieht die Homepage ganz anders aus als vor der Registrierung und präsentiert dir ein personalisiertes Dashboard.

Unterhalb von Benutzername und Avatar siehst du:

- eine Liste der zuletzt gespielten Games,
- deinen persönlichen Feed mit Empfehlungen,
- die neuesten Blog-Beiträge.

In der unteren rechten Ecke siehst du ein Chat-Fenster, über das du Mitteilungen an andere User schicken kannst. Mit einem Klick in die blaue Titelleiste „Chat" kannst du dieses Fenster minimieren oder vergrößern. Lass uns das

Chat-Feature bis auf Weiteres ausblenden, damit wir uns auf die Randleiste am linken Fensterrand konzentrieren können. Dieser Leiste kommt große Bedeutung zu, da du sie in den meisten Fällen zur Navigation innerhalb der Roblox-Plattform nutzt. Die erste Option in der Randleiste nennt sich „Home" und führt dich zu jener Seite, auf der du dich gerade befindest. Lass uns einen genaueren Blick auf die weiteren Optionen werfen.

PROFIL

Deine Profil-Seite enthält Informationen über dich, deinen Avatar und deine Spielgewohnheiten.

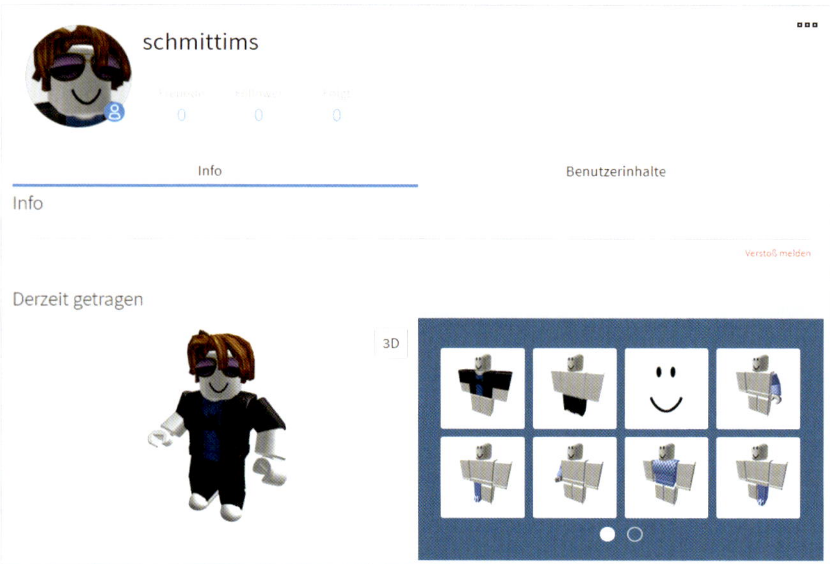

Roblox Corporation
DIE PROFIL-SEITE VON ROBLOX

Diese Seite zeigt an, wie viele Freunde und Follower du hast und welchen Personen du selbst auf Roblox folgst. Der Bereich „Info“ kann persönliche Informationen enthalten, die du während deiner Registrierung oder in den Einstellungen eingegeben hast. Darunter siehst du deinen Avatar in 2D (wie auf einem Blatt Papier) oder in 3D (wie eine Spielfigur). Die 2D-Version zeigt den Avatar bewegungslos von vorne, während sich die 3D-Version um ihre eigene Achse dreht, damit du deinen Avatar von allen Seiten bewundern kannst. Der Umschalt-Button ist ein bisschen verwirrend, da er „3D“ anzeigt, wenn du dich in der zweidimensionalen Ansicht befindest, und „2D“, wenn dein Avatar dreidimensional dargestellt wird. Sieh es einfach als einen Schalter, der dir anzeigt, was beim Anklicken passieren wird. Rechts siehst du alles, was dein Avatar gerade trägt.

Darunter siehst du folgende Informationen:

- „Sammlungen“: Die Gegenstände, die beim Anpassen des Avatars gestaltet werden können (mehr dazu in Kapitel 2).
- „Spieler-Badges“: Belohnungen aus verschiedenen Spielen. Bist du neu in Roblox, ist dieser Bereich noch nicht vorhanden.
- „Statistiken“: Hier findest du Informationen wie dein Beitrittsdatum, die Anzahl der Logins in deinem persönlichen Bereich und die Gesamtzahl der Beiträge, die du im Forum geschrieben hast.

NACHRICHTEN

Der zweite Menüpunkt in der linken Randleiste ist „Nachrichten". Im „Posteingang" findest du neue Nachrichten, während sich unter „Gesendet" alle Mitteilungen befinden, die du an andere Spieler geschickt hast. Im Bereich „Neuigkeiten" befinden sich offizielle Ankündigungen der Roblox-Entwickler und über das „Archiv" greifst du auf Nachrichten zu, die sich nicht mehr in deinem Posteingang befinden. Das Ganze funktioniert ähnlich wie Text- oder Facebook-Nachrichten.

Wenn du neu bist, siehst du wahrscheinlich nur eine Nachricht von Builderman, dem Avatar eines der Entwickler. Du solltest unbedingt lesen, was dir dieser freundliche Zeitgenosse zu sagen hat.

FREUNDE

Der Bereich „Freunde" ist zu Beginn noch ganz leer und füllt sich erst dann mit Leben, wenn du dich mit anderen Personen aus dem Roblox-Universum anfreundest. Mehr zu diesem Thema erfährst du in Kapitel 2.

AVATAR

Dein Avatar repräsentiert dich als digitale Version auf der Roblox-Plattform. Jeder, der dich im Spiel sieht, wird dich anhand deines Avatars und des über dem Kopf schwebenden Benutzernamens erkennen. Dein Avatar ist also die Mini-Ausgabe von dir selbst in Roblox.

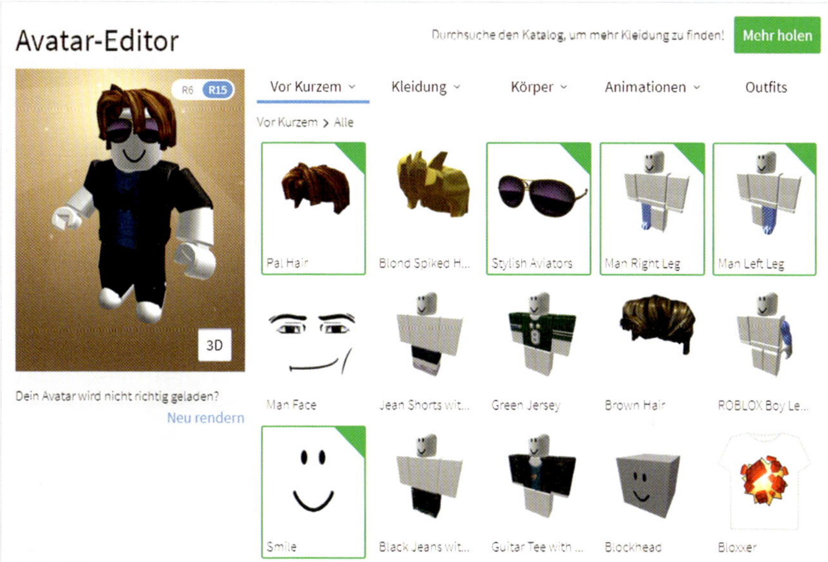

Roblox Corporation
AVATAR-EDITOR

Im Avatar-Editor rechts siehst du alle Items und Kleidungsstücke, mit denen du deinen Avatar ausstatten kannst. In der Leiste oben schaltest du zwischen verschiedenen Kategorien um: „Vor Kurzem", „Kleidung", „Körper", „Animationen" oder von dir zusammengestellte „Outfits". Unter „Animationen" legst du fest, wie sich dein Avatar im Spiel bewegt – z.B. Gehen, Rennen oder Klettern. Damit hebst du deinen Avatar ein wenig von den Exemplaren deiner Mitspieler ab.

Mehr über die Anpassung deines Avatars erfährst du später in Kapitel 2.

INVENTAR

Unter „Inventar“ findest du alles, was du in Roblox gesammelt und gekauft hast. Es lässt sich mit einem riesigen Rucksack vergleichen, in den du deinen ganzen Besitz gepackt hast. Statt aus einem Spind, holt sich dein Avatar seine Klamotten einfach von der Website.

Roblox Corporation
MEIN INVENTAR

Jeder Gegenstand in der Liste wird grafisch angezeigt. Die meisten Items können im Katalog gekauft, verdient oder angefordert werden (z.B. wenn es kostenlos ist). Mehr zum Katalog im nächsten Kapitel.

HANDEL

Der Bereich „Handel“ funktioniert wie ein Mix aus Nachrichten und Inventar. Wenn du einen Handel abschließt, schickst du einem anderen Spieler Robux oder Gegenstände, um im Austausch dessen Items oder Robux zu erhalten. In dieser populären Handelsbörse kannst du z.B. ein spezielles Item für 1.000 Robux von einem anderen Spieler kaufen.

GRUPPEN

In den englischsprachigen Gruppen findest du Spieler, die deine Interessen auf der Roblox Plattform teilen. Über die Gruppen-Funktion können sich auch Allianzen aus Spielern bilden, die andere Gruppen zum friedlichen Wettbewerb herausfordern.

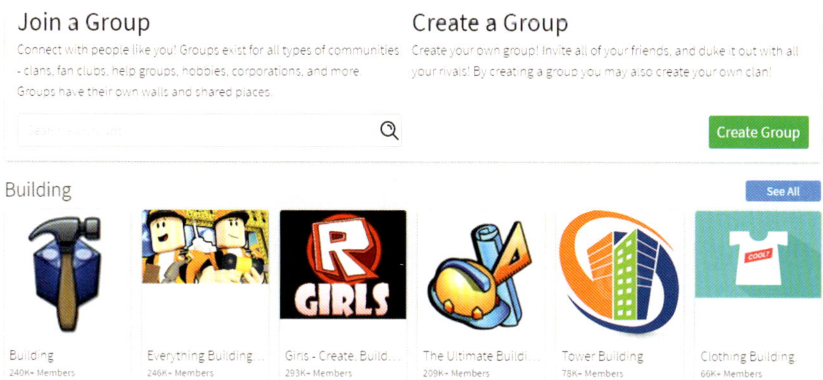

Roblox Corporation
GRUPPEN

Auf der Hauptseite für Gruppen findest du einige Kategorien zur Auswahl:

- „Building“: Aufbau und Gestaltung von Spielwelten.
- „Military“: militärische Inhalte (Waffen, Kampf etc.).
- „Roleplaying“: In diesen Gruppen (zu Deutsch „Rollenspiel“) verhalten sich die Spieler so, als würden sie wirklich in der Spielwelt leben. Dabei agieren sie ähnlich wie Schauspieler. Rollenspiel ist eine ebenso

unterhaltsame wie kreative Unterart des Spielens auf dem Computer und anderen Geräten.

- „Fan": In diesen Gruppen sammeln sich Spieler, die eine gewisse Vorliebe für einen bestimmten Themenbereich vereint – beispielsweise Schüler, die sich in der Roblox-Highschool einschreiben, Fans von TV-Serien oder Marken wie Sword Art Online oder Pokémon.

FORUM

Im Bereich „Forum" wirst du viel Zeit verbringen, wenn du dich mit Roblox anfreundest. Das Forum ist in drei Sektionen unterteilt, die wiederum über mehrere Unterbereiche verfügen:

Roblox

Dieses Unterforum beschäftigt sich hauptsächlich mit dem Spiel selbst. Hier kannst du:

- Kommentare über Spielfunktionen und das Gameplay verfassen,
- nach technischem Support oder Hilfe fragen,
- Verbesserungsvorschläge und Ideen einbringen,
- nach neuen Events und kommenden Wettbewerben suchen.

Club Houses

Der eher ungezwungene Bereich des Forums. Statt mit den Entwicklern von Roblox zu kommunizieren und offizielle Fragen zu stellen, plaudern die Teilnehmer in den Clubhäusern viel freier miteinander. Die Unterforen bestehen aus:

- Allgemeiner Chat
- Nicht themenbezogene „Off-Topic"-Diskussionen
- Clan- und Gilden-Organisation zur Gruppenbildung
- Tipps zum Handeln mit Gegenständen aus dem Katalog von Roblox
- Wege zum schnellen Verdienen von Robux

Spieldesign und Entwicklung

Dieser Bereich des Forums ist ideal für User, die ihre eigenen Spiele entwickeln möchten. Die Forenbereiche konzentrieren sich auf:

- Wie man viele Spieler für seine Titel gewinnt
- Die Entwicklung neuer Spiele
- Mehr Spieltiefe durch fortgeschrittenes Scripting

BLOG

Wenn du auf den Link „Blog" klickst, verlässt du dein eigenes Portal und gelangst zum offiziellen Firmen-Blog der Roblox Corporation. Auf dieser Seite kannst du täglich neue Beiträge lesen, die von den Mitarbeitern von Roblox verfasst werden. Dabei geht es um das Spiel selbst, neue Funktionen, Updates und Events.

Um Roblox zu verstehen, musst du das Blog zwar nicht lesen, doch es empfiehlt sich, dass du dich durch regelmäßige Besuche auf dem Laufenden hältst und damit die neuesten Entwicklungen im Roblox-Universum nicht verpasst.

SHOP

Der unterste Link in der Randleiste bringt dich zum Shop. Dieser ist nicht Bestandteil der Roblox-Website, sodass dafür ein neues Fenster oder ein neuer Tab in deinem Browser geöffnet wird.

Amazon.com
DER ROBLOX-SHOP

Beim Shop handelt es sich um einen speziellen Bereich von Amazon.com, wo du ein Sortiment von Roblox-Spielzeugen und anderen Merchandise-Artikeln findest. Die meisten auf Amazon erhältlichen Gegenstände sind real, sodass sie nichts mit dem eigentlichen Spiel oder deinem Avatar zu tun haben. Deine Eltern müssen einer Bestellung zustimmen.

JETZT AUFWERTEN

Unter dem Shop-Link kannst du noch zwei weitere Icons anklicken. Beim ersten handelt es sich um einen großen Button „Jetzt aufwerten", den man nicht übersehen kann.

Klickst du diesen Button an, gelangst du zur Seite „Roblox Builders Club". Was der Builders Club ist und wie er genau funktioniert, erfährst du im nächsten Kapitel.

EVENTS

Ganz unten schließt die Leiste mit dem Bereich „Events" ab. Die hier angezeigten Inhalte ändern sich laufend und sind von gewissen Promotions, Ereignissen oder Wettbewerben abhängig. Während diese Zeilen geschrieben wurden, lautete der Titel des Events „Heroes" („Helden").

Events bringen dich auf eine Website mit unterschiedlichen Inhalten und Aktivitäten, die auf das jeweilige Thema abgestimmt sind, wie beispielsweise „Heroes". Wenn du am Event teilnimmst und ausgewählte Games spielst, kannst du Preise wie besondere Kleidungsstücke und Accessoires für deinen Avatar gewinnen. Events sind sehr beliebt, da dein Avatar die speziellen Gegenstände in der Regel in jedem Spiel tragen kann.

Roblox Corporation
DAS EVENTS-ICON

SO KANNST DU ROBLOX SPIELEN

Roblox gibt es bereits so lang, dass es auf vielen unterschiedlichen Geräten spielbar ist. Es begann als PC-basiertes Computerspiel, doch mittlerweile läuft es auch auf:

- Mac-Computern,
- Mobilgeräten wie Tablets,
- Spielkonsolen,
- Virtual Reality (VR) Headsets.

Damit du auf einer dieser Plattformen spielen kannst, musst du ein Konto auf der offiziellen Website www.roblox.com einrichten. Anschließend scrollst du auf der Roblox-Homepage ganz nach unten und klickst auf den Link mit dem gewünschten Gerät, wenn du nicht über das Standard-Web-Portal spielen möchtest. Diese Links bringen dich zu den Download-Seiten für dein Gerät. Dieses Buch beschäftigt sich weitgehend mit der Computerversion des Spiels. Denn nur auf einem Computer kannst du Roblox Studio nutzen, mit dem du eigene Spielwelten kreieren kannst.

Egal, welche Plattform du zum Spielen wählst, spielst du immer online gemeinsam mit allen anderen Spielen – unabhängig davon, welches Gerät diese nutzen. Das bedeutet: Wenn eine Person am iPhone, eine andere mit einer VR-Brille und eine dritte an ihrem Laptop spielt, befinden sich alle zur gleichen Zeit in derselben Spielwelt.

AUF EINEM COMPUTER SPIELEN

Die meisten Nutzer spielen Roblox auf einem Windows- oder Mac-Computer, da diese Versionen die meisten Funktionen und die größte Flexibilität bieten. Zur Steuerung der Spiele kannst du entweder einen Game-Controller, eine Tastatur oder eine Maus verwenden.

Um auf dem Computer mit Roblox loszulegen, logge dich ein, suche nach einem Spiel und klicke die „Play"-Taste. Ist der Roblox Player noch nicht auf deinem System installiert, musst du diesen zunächst herunterladen und einrichten. Die Roblox-Site begleitet dich Schritt für Schritt durch diesen Prozess.

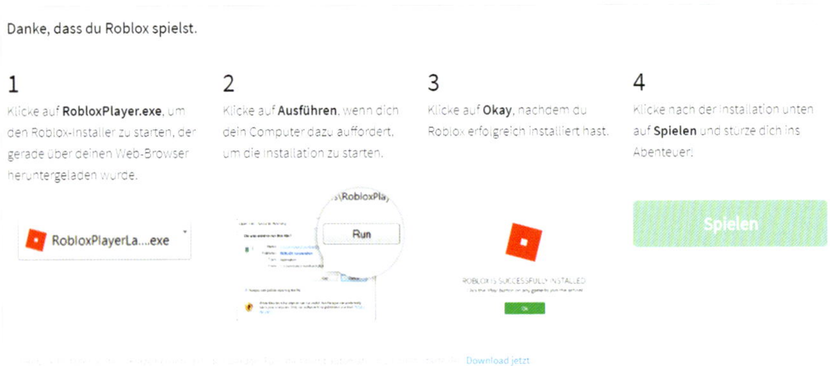

Roblox Corporation
ANLEITUNG ZUR INSTALLATION DES ROBLOX PLAYER

Normalerweise spielst du Roblox über deinen Internet-Browser. Möchtest du direkt ohne Umweg über den Browser spielen, können du oder deine Eltern eine mit Windows 10 kompatible App aus dem Windows Store herunterladen und installieren.

Egal wie du auf Roblox zugreifst, unterscheidet sich die Steuerung von Spiel zu Spiel geringfügig. Mehr Details zum Spielen in Roblox findest du in Kapitel 2.

AUF EINEM MOBILGERÄT SPIELEN

Du kannst Roblox kostenlos auf Mobilgeräten spielen. Dazu gehören sowohl iPad und iPhones (für die die Roblox-App über den Apple App Store geladen wird) als auch Android-Geräte (für die die App über den Google Play Store oder den App Store von Amazon geladen wird). Obwohl du Roblox auch auf einem Smartphone spielen kannst, würde ich dir ein Tablet empfehlen – das größere Display erleichtert die Steuerung ungemein.

Möchtest du Robux für Premium Inhalte erwerben, kannst du dies auf der Roblox-Website tun. Klicke dazu ganz einfach in der oberen rechten Display-Ecke auf das „R$"-Icon. Mehr dazu erfährst du in Kapitel 2.

AUF EINER KONSOLE SPIELEN

Zusätzlich zu Computer und Mobilgeräten kannst du Roblox auch auf einer Xbox-One-Spielkonsole nutzen. Kläre die Sache mit deinen Eltern ab und suche im Xbox Store nach „Roblox". Nach Installation und Login erhälst du Zugriff auf Tausende Games, die von anderen Usern entwickelt und gestaltet wurden.

Genauso wie auf Mobilgeräten und PCs kannst du auch auf der Konsole die Robux-Währung zum Kauf von Premium-Inhalten erwerben. Mehr zum Thema „Robux" erfährst du in Kapitel 2 dieses Buchs.

MIT EINER VR-BRILLE SPIELEN

Bist du in Besitz einer kompatiblen VR-Brille wie der Oculus Rift, kannst du Roblox auch über diese spielen. Du musst lediglich in den Grundeinstellungen von Oculus das Spielen von Inhalten aus unbekannten Quellen aktivieren.

Sobald dein VR-Headset mit deinem Computer verbunden ist, wird Roblox jedes Spiel automatisch im VR-Modus starten. Dabei handelt es sich um exakt dieselben Spiele, die du auch in zwei Dimensionen auf dem Bildschirm oder Display spielen kannst. Allerdings kannst du dich durch Kopfbewegungen in den Spielwelten umsehen. Die Steuerung erfolgt weiterhin über Tastatur, Maus oder Gamepad.

* * *

Nun besitzt du ein Roblox-Konto, kennst dich auf der Website aus und weißt, wie du Roblox auf unterschiedlichen Geräten nutzen kannst. Jetzt ist es an der Zeit für Spaß – lass uns ein paar Games spielen!

KAPITEL 2

ERSTE SCHRITTE

STOP

Nachdem du dein Roblox-Konto angelegt hast, kannst du mit dem Spielen loslegen. In diesem Kapitel erfährst du, wie du deinen Avatar änderst und ihn zu deinem virtuellen Ebenbild machst, wie du bestimmte Spiele in Roblox findest und zum ersten Mal spielst, wie du dem Builders Club beitrittst, was es mit Punkten und Badges auf sich hat und wie du mit anderen Spielern interagierst.

DEINEN AVATAR ANPASSEN

Dein Avatar repräsentiert dich im digitalen Roblox-Universum. In jedem Spiel erkennen dich deine Mitspieler anhand des Aussehens deines Avatars. Zusätzlich schwebt dein Benutzername über dem Kopf deiner Spielfigur. Aus diesem Grund sollte dein Avatur zu dir passen und etwas über dich selbst und deinen persönlichen Geschmack aussagen.

Sobald du dich auf der Roblox-Homepage eingeloggt hast, klickst du im linken Fensterbereich auf das Bild deines Avatars, sodass du in deinem Profil landest (siehe Kapitel 1). Hier kannst du deinen Avatar nicht nur bewundern, sondern auch Änderungen in Sachen Hautfarbe, Gesichtsausdruck und Kleidung vornehmen. Die meisten Spieler differenzieren sich über den Hut, das Hemd und die Hosen, doch es gibt noch viele weitere Anpassungsmöglichkeiten.

DER KATALOG

Die beste Quelle für neue Gegenstände zur Ausstattung deines Charakters ist der Katalog. Klicke in der oberen Navigationsleiste auf „Katalog", um diesen zu öffnen.

Die meisten Items aus dem Katalog kosten Robux. Der Preis ist unterhalb des Gegenstands angegeben. Du kannst Robux durch Verkäufe oder Handel mit anderen Spielern verdienen oder direkt von Roblox kaufen. Im Katalog findest du zwar auch eine Handvoll kostenloser Items, doch diese sind nicht besonders erstrebenswert. Manchmal kannst du Items durch Wettbewerbe oder innerhalb von Roblox-Spielen gewinnen.

ROBUX UND DER BUILDERS CLUB

Um Mitglied im Builders Club zu werden, musst du kein Echtgeld ausgeben. Doch es hilft dir dabei, manche Dinge leichter zu machen, spezielle Items zu erwerben und in den Genuss erweiterter Funktionen zu kommen. Betrachte Roblox einfach wie die meisten Mobile Games – du kannst das Basis-Spiel kostenlos spielen, doch die wirklich coolen Inhalte sind Spielern vorbehalten, die dafür bezahlen.

ROBUX

Robux ist eine digitale Währung, die ausschließlich innerhalb der Roblox-Plattform zum Kauf von Gegenständen, Freischalten von Premium-Features und Handel zwischen Spielern verwendet wird. Robux kannst du entweder bei Roblox direkt kaufen oder sie dir durch den Verkauf von Gegenständen an andere Spieler verdienen. Die meisten Spieler investieren Echtgeld in große Mengen Robux oder treten dem Builders Club bei, über den du gleich noch mehr erfährst. Wenn du selbst Spiele entwickelst und anderen Spielern bestimmte Extras verkaufst, kannst du die so verdienten Robux gegen echtes Geld tauschen – wie das geht, liest du in Kapitel 14.

DER BUILDERS CLUB

Mit dem Einverständnis deiner Eltern kannst du ein zahlendes Mitglied des Builders Club werden. Du kannst unter drei Mitgliedschaften wählen, die sich hinsichtlich der täglichen und monatlichen Belohnungen unterscheiden. Einer der Hauptvorteile ist die tägliche Verfügbarkeit eines bestimmten Robux-Betrags, den du frei innerhalb der Roblox-Plattform verwenden kannst – beispielsweise zum Erwerb von Items oder Freischalten von Premium-Inhalten.

	Gratis	Klassisch	Turbo	Outrageous
Tägliche Robux	Nein	R$15	R$35	R$60
Tritt Gruppen bei	5	10	20	100!
Erstelle Gruppen	Nein	10	20	100!
Anmeldungsbonus*	Nein	R$100	R$100	R$100
Bezahlter Zugang	10%	70%	70%	70%

* Anmeldungsbonus gilt nur für den ersten Erwerb einer Mitgliedschaft.

	Gratis	Klassisch	Turbo	Outrageous
Monatlich		€6.49	€12.99	€20.99
Jährlich		€64.99	€94.99	€129.99
Keine Werbung	Nein	✓	✓	✓
Verkaufe Objekte	Nein	✓	✓	✓
Virtueller Hut	Nein	✓	✓	✓
Bonus-Ausrüstung	Nein	✓	✓	✓
BC-Beta-Features	Nein	✓	✓	✓
Handelssystem	Nein	✓	✓	✓

Roblox Corporation
DAS ROBLOX BUILDERS CLUB-PROGRAMM

Alle drei bezahlten Mitgliedschaften haben drei Dinge gemeinsam: Jegliche Werbung verschwindet, Items können verkauft werden und du kannst Gruppen erstellen. Der Unterschied liegt in der Menge der täglichen Robux und der Anzahl von Gruppen, die du erstellen und denen du beitreten kannst. Insgesamt gibt es vier Mitgliedschaften im Roblox Builders Club:

Gratis

Wenn du ein neues Konto einrichtest, bekommst du automatisch eine Gratis-Mitgliedschaft. Damit kannst du zwar Games spielen oder einfache Spiele publizieren, doch du musst mit einigen Einschränkungen leben. Als Gratis-Mitglied bekommst du keine täglichen Robux zum Einkaufen, musst dich mit Werbung herumschlagen, kannst keine Gruppen erstellen, nichts verkaufen, keine Bonus-Items abrufen und vieles mehr.

Klassisch

Die Klassisch-Mitgliedschaft kostet 6,49 € im Monat und beinhaltet Gruppenzugang und R$15 tägliche Robux.

Turbo

Mit der Turbo-Mitgliedschaft erhältst du für 12,99 € Monatsbeitrag alle Boni der Klassisch-Mitgliedschaft, erweiterten Gruppenzugang und R$35 tägliche Robux.

Outrageous

Die teuerste Mitgliedschaft kostet 20,99 € pro Monat und bietet alle Vorteile der Turbo-Mitgliedschaft plus stark erweiterten Gruppenzugang und R$60 Robux pro Tag.

WAS SIND GAME-PÄSSE?

Einige Spiele bieten optionale Items und Services, die du für Robux erwerben kannst. Solche Game-Pässe sind vergleichbar mit In-App-Käufen in Mobile Games und herunterladbaren Inhalten (DLC) in anderen Videospielen. Auf diese Weise kannst du beispielsweise bessere Gebäude in einem Aufbauspiel errichten oder deinem Charakter unendliche Leben in einem Obby-Spiel spendieren. „Obby" steht in Roblox für „Obstacle Course", zu Deutsch „Hindernis-Kurs".

DEM BUILDERS CLUB BEITRETEN

Wie du siehst, wachsen die Vorteile einer Mitgliedschaft mit deren Kosten. Ob dir die Vorteile die monatliche Gebühr wert sind, musst du für dich selbst entscheiden und natürlich mit deinen Eltern abstimmen. Wenn du Roblox kostenlos spielen und nur gelegentlich Robux für bestimmte Anlässe erwerben möchtest, reicht die Gratis-Mitgliedschaft. Wenn du dagegen öfter Robux ausgeben möchtest und in den Genuss der Vorteile in Sachen Gruppen, Verkäufe und vielem mehr kommen willst, kann es sich durchaus lohnen, zum zahlenden Mitglied im Builders Club zu werden.

Zur Erinnerung: Um dem Builders Club beizutreten, hast du die Wahl unter drei bezahlten Mitgliedschaften (bei monatlicher oder jährlicher Zahlweise). Je mehr die Mitgliedschaft kostet, desto besser sind die Belohnungen und Vorteile:

- Eine tägliche Summe an Robux für dein Konto
- Die Möglichkeit, mehreren Gruppen beizutreten
- Die Erlaubnis zum Erstellen eigener Gruppen
- 100 Robux (R$100) als Bonus für die Anmeldung (nur für Neukunden)
- Bezahlter Zugang – stelle anderen Spielern Leistungen in deinen Games in Rechnung
- Keine Werbung
- Gegenstände und Accessoires verkaufen
- Ein virtueller Hut
- Bonus-Ausrüstung
- Beta-Zugang für neue Features vor Veröffentlichung
- Handel mit anderen Spielern

Aber selbst wenn du keine Mitgliedschaft anstrebst, kannst du jede Menge Spaß mit Roblox haben.

ROBLOX-GAMES SPIELEN

Viele Spieler beschäftigen sich gar nicht mit dem Erschaffen eigener Games, sondern kommen nur zum Spielen auf die Roblox-Plattform. Von den rund 30 Millionen aktiven Usern pro Monat entwickeln nur rund 500.000 ihre eigenen Games. Roblox-Nutzer haben bereits Tausende Spiele entwickelt – die Chancen stehen gut, dass sich mehrere Games nach deinem Geschmack oder basierend auf deinen Lieblingsfilmen, -serien oder -spielen auf Roblox finden.

SPIELE FINDEN

Das einzige Problem beim Aufspüren der richtigen Titel ist die schiere Masse an angebotenen Games. Wenn du die Homepage von Roblox besuchst, findest du lediglich eine Liste zuletzt gespielter Games sowie einige Vorschläge von Roblox. Möchtest du das volle Programm erleben, klicke auf „Spiele“ in der oberen Menüleiste.

NACH KATEGORIEN SUCHEN

Die Spiele-Seite von Roblox ist in sechs verschiedene Kategorien unterteilt:

- Eine regelmäßig aktualisierte Liste beliebter Titel, die gerne von anderen Personen gespielt werden. Womöglich werden diese Games gerade von Zehntausenden Menschen gespielt! Das ist ein guter Indikator für die Qualität bestimmter Games.
- Die Titel unter „Empfohlen“ basieren auf Games, die du bereits gespielt hast. Das ist sozusagen deine persönliche Liste mit passenden Games.

- Unter „Top-Verdienst“ findest du die Titel, in die Spieler die meisten Robux investiert haben.
- „Top-Bewertung“ enthält die bestbewertetsten Games, basierend auf Spielerwertungen. Auch du selbst kannst nach Beenden eines Spiels eine persönliche Bewertung abgeben.
- „Beliebt in deiner Umgebung“ enthält Titel, die in deiner Region gerne gespielt werden.
- Die „Highlights“ werden von den Machern von Roblox ausgewählt und ins Rampenlicht gestellt.

Am rechten Rand jeder Kategorie findest du einen blauen Button mit der Aufschrift „Alle ansehen“. Klickst du diesen an, füllt sich der ganze Bildschirm mit Games aus der jeweiligen Kategorie. Auf diese Weise filterst du die Anzeige beispielsweise nach besonders beliebten oder von der Roblox-Redaktion empfohlenen Titeln.

Am oberen Rand der Spiele-Seite findest du ein Drop-Down-Menü, das normalerweise auf „Standard“ eingestellt ist. Klickst du dieses an, siehst du die einzelnen Kategorien wie „Beliebt“ oder „Highlights“ sowie einige zusätzliche Menüpunkte, die nichts mit den Kategorien selbst zu tun haben. Hierzu gehören beispielsweise „Meine Favoriten“ oder „Freundesaktivität“. Letzteres zeigt dir die Games an, die deine Freunde auf Roblox am liebsten spielen.

Das zweite Drop-Down-Menü ist auf „Alle“ voreingestellt. Klickst du dieses an, kannst du Spiele nach bestimmten Genres sortiert anzeigen lassen. Dieses Menü stellt einen der schnellsten Wege dar, zum gewünschten Titel zu gelangen. Klick einfach ein Genre an, das dir zusagt – etwa „Military" oder „Adventure", und schon werden passende Titel angezeigt. Stehst du beispielsweise auf Ritter und Burgen, entscheidest du dich für das Genre „Medieval". Interessierst du dich für Fußball oder Basketball, schau einfach unter „Sports" nach. Auf diese Weise findest du ganz schnell geeignete Spiele zum Ausprobieren.

DIE SUCHFUNKTION NUTZEN

Mit dem Eingabefeld „Suche" in der oberen Menüleiste kannst du gezielt nach bestimmten Spielen suchen. Wenn du zum Beispiel Games mit dem Thema „Pokémon" oder „SpongeBob" suchst, gib einfach diese Wörter ein und bestätige mit der Eingabetaste.

Hier siehst du, was die Suche nach „Pokémon" ergibt:

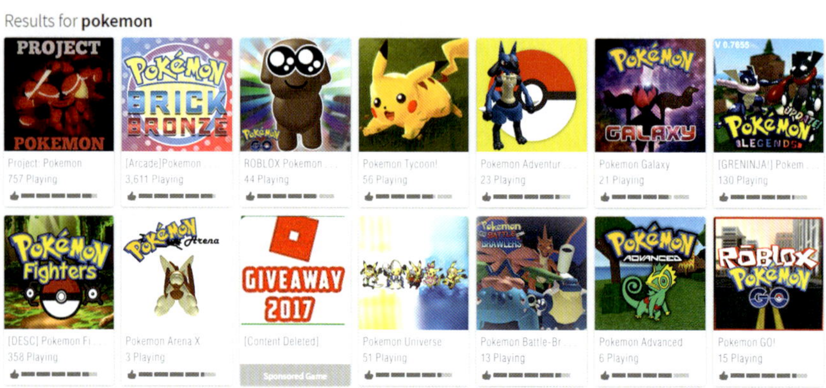

Roblox Corporation
EINE LISTE DER POKÉMON-GAMES AUF ROBLOX

Direkt nach der Eingabe füllt sich der Bildschirm mit einer Vielzahl von Pokémon-Games. Wie du im Bild siehst, haben zu diesem Zeitpunkt Tausende von Spielern Titel mit dem Thema „Pokémon" auf Roblox gespielt. Das beliebteste Spiel war Pokémon Brick Bronze mit über 3.000 aktiven Spielern. Allerdings ist dieses Game im Original mittlerweile aus lizenzrechtlichen Gründen verschwunden – wobei einige Robox-User gerade mit Hochdruck an ähnlichen „Remastered"- oder „Rewritten"-Versionen arbeiten.

Pokémon Brick Bronze erinnert an ein Spiel für Nintendo Gameboy, DS oder 3DS. Du erstellst einen Charakter, reist durch Regionen, kämpfst mit anderen Trainern und erweiterst deinen Pokémon-Stall. Wie in den offiziellen Versionen sind die Kämpfe rundenbasiert.

Pokémon Brick Bronze Version

EIN KAMPF IN POKÉMON BRICK BRONZE

DIE BESTEN ROBLOX-GAMES

Unter Tausenden von Spielen auf Roblox kann es sehr schwer sein, das richtige zu finden. Viele Angebote sind von Einsteigern und spielen sich entsprechend zäh, doch es gibt einige Perlen, die den Vergleich mit kommerziellen Titeln nicht scheuen müssen. Für einen leichteren Einstieg habe ich acht der besten Titel ausgewählt, die du auf Roblox spielen kannst. Sechs davon sind kostenlos, während du in zwei davon eine geringe Menge Robux investieren musst.

POKÉMON BRICK BRONZE

In diesem Spiel suchst du dir einen Pokémon aus und schickst ihn in Kämpfe innerhalb einer riesigen Spielwelt – ganz ähnlich wie in den beliebten Nintendo-Games.

Brick Bronze zeichnet sich dadurch aus, dass du ständig mit anderen Menschen interagierst, während die meisten anderen Pokémon-Spiele offline gespielt werden. Das Original ist leider von Roblox verschwunden, doch die Community arbeitet bereits an neuen Versionen.

THEME PARK TYCOON 2

Simulationen und „Tycoon"-Spiele gehören zu den beliebtesten Genres auf Roblox. Du baust ein Geschäft auf und versuchst, Profit daraus zu schlagen. Es macht einen Riesenspaß, dein Unternehmen langsam wachsen zu sehen und es in die Erfolgsspur zu bringen!

In Theme Park Tycoon 2 erschaffst du deinen eigenen Vergnügungspark. Mit Speisen und Getränken hältst du deine Kunden bei Laune, während sie auf spannende Fahrten mit Achterbahnen, Wasserrutschen oder eher gemächlichen Karussellen warten.

EPIC MINIGAMES

Epic Minigames ist eine Sammlung einfacher, aber ungemein spaßiger Spiele. Sie enthält mehr als 60 Mini-Games, in denen du Levels bezwingen und Punkte sammeln kannst. Alle Punkte kannst du gegen spezielle Ausrüstungsgegenstände, Fähigkeiten und sogar Haustiere innerhalb der Spielwelt von Epic Minigames eintauschen. Von allen Spielen auf Roblox ist dieses wohl das abwechslungsreichste. In anderen Spielen schießt du auf Monster, fährst Autorennen oder errichtest Gebäude – Epic Minigames hat von allem etwas.

JAILBREAK

Hast du auch immer gerne Räuber & Gendarm gespielt? Das ist die Grundidee hinter Jailbreak. Spieler veranstalten Raubüberfälle und versuchen, dabei nicht geschnappt und um ihre Beute gebracht zu werden.

Einen Großteil seines Spielspaßes bezieht Jailbreak aus der riesigen Spielwelt und atemloser Action von Anfang bis Ende. In einer Metropole herumfahren und Banken oder Juweliere überfallen ist wirklich aufregend.

PHANTOM FORCES

Phantom Forces ist eines der fortschrittlichsten Spiele auf Roblox. Wenn du Erfahrungen mit First-Person-Shootern wie Counter-Strike und Call of Duty hast, könnte dir dieses Game gefallen.

Statt wie in den meisten Roblox-Games deinen Charakter von außen zu betrachten (Fachjargon „Third Person"), blickst du in Phantom Forces durch die Augen des Protagonisten („First Person"). Ziel des Spiels ist es, mit dem eigenen Team gegnerische Gruppen zu besiegen. Das Geschehen ist recht blutig und gewalttätig, sodass Phantom Forces für jüngere Spieler ungeeignet ist. Frage am besten deine Eltern, ob dieses Game eine gute Wahl für dich ist.

ZOMBIE RUSH

Zombie Rush bietet lang anhaltenden Spielspaß – du kannst immer wieder für eine Runde zurückkehren. Du spielst es zusammen mit deinen Freunden und kannst deinen Charakter durch das Erlangen höherer Levels und verbesserter Werte immer stärker machen.

Eine Gruppe von Spielern muss sich tapfer gegen immer größer werdende Massen von Zombies wehren. Stirbt ein Spielcharakter, kann er die Seiten wechseln und als Untoter weitermachen. Die Zombies sind wirklich gruselig und das Geschehen ist sehr blutig. Wenn du also keine Nerven aus Stahl hast und Horrorfilme dich ängstigen, solltest du lieber ein anderes Game wählen.

RESTAURANT TYCOON

Wolltest du schon immer mal dein eigenes Restaurant führen? Dann bist du in Restaurant Tycoon an der richtigen Adresse. Das Spiel kostet 25 Robux und ist ähnlich wie Theme Park Tycoon 2 aufgebaut.

Doch statt wie in Theme Park Tycoon einen Vergnügungspark aufzubauen, betreibst du in Restaurant Tycoon eine Gaststätte. Du musst die Bestellungen deiner Gäste im Auge behalten und Köche sowie Bedienpersonal regelmäßig instruieren, damit der Laden läuft. Geht etwas schief, verlassen die Gäste unzufrieden das Lokal. Restaurant Tycoon verspricht jede Menge Spielspaß und lässt dich Restaurants in der echten Welt mit anderen Augen sehen.

WELCOME TO BLOXBURG

Um Welcome to Bloxburg spielen zu können, musst du zunächst 25 Robux für die Freischaltung investieren.

Das Spiel simuliert sozusagen das echte Leben auf deinem Computer. Du baust dir ein Haus, kaufst dir Autos, gehst zur Arbeit, hängst mit Freunden ab und erforschst die brodelnde Metropole Bloxburg. Roblox bietet viele Spiele, in denen du mit Freunden herumhängen kannst, doch Welcome to Bloxburg gehört zu den besten, da du neben dem Plaudern auch noch viele andere Dinge tun kannst. Es fühlt sich an wie ein virtuelles Leben in einer kleinen Roblox-Welt. Das Game ist am ehesten mit der erfolgreichen Reihe The Sims vergleichbar.

SO FUNKTIONIERT DAS INTERFACE INNERHALB VON GAMES

Jedes Spiel in Roblox verfügt über verschiedene Steuerungsoptionen, die speziell auf den jeweiligen Titel zugeschnitten sind. So klickst du in Aufbauspielen sehr oft mit der Maus, während du dein Fahrzeug in Rennspielen eher mit Tasten auf deiner Tastatur steuerst. Auch die Ansicht unterscheidet sich von Spiel zu Spiel:

- Wenn du einen virtuellen Hindernis-Parcour bewältigst (oft als „Obby" bezeichnet), blickst du in der Regel von hinten auf deinen Charakter und bekommst ihn in voller Größe zu sehen. Das erleichtert das Springen auf Plattformen und das Ausweichen.
- In einem First-Person-Shooter wie beispielsweise Call of Duty oder Counter-Strike betrachtest du das Geschehen durch die Augen der Spielfigur. Von deinem Avatar siehst du im besten Fall nur die Hände.
- In vielen Action-Spielen und Adventures sowie in von Pokémon inspirierten Games siehst du deinen Charakter von oben – so, als würdest du über ihm in der Luft schweben.

Im Grunde genommen korrespondiert die Steuerung mit der Ansicht des Games, das du gerade spielst.

WAS SIND SPIELERPUNKTE UND BADGES?

Einige Spiele belohnen dich mit Punkten, wenn du bestimmte Ziele erreichst. Diese Punkte spiegeln deine Erfahrung in Ranglisten wieder und haben nichts mit Robux zu tun. Badges sind Auszeichnungen, die du mit deinem Avatar sammeln kannst.

SO FUNKTIONIERT DAS OPTIONSMENÜ

Das Optionsmenü ist in jedem Roblox-Game identisch. Wenn du auf einem Computer spielst, genügt ein Druck auf die Taste Esc, um dieses Menü aufzurufen.

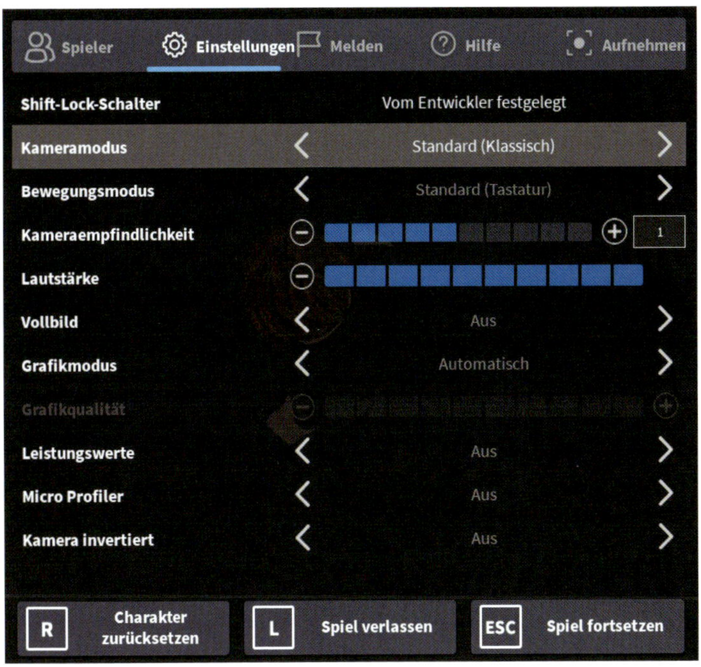

Roblox Corporation
DAS OPTIONSMENÜ

Im Menü ganz oben siehst du verschiedene Kategorien.

Spieler

Ganz links befindet sich der Tab „Spieler". Die Liste mit Spielernamen kann zum Senden von Freundschaftsanfragen oder zum Melden eines Spielers an die Entwickler verwendet werden, wenn sich die Person ungebührlich verhält, Spielmechaniken unterläuft oder auf andere Weise negativ auffällt.

Einstellungen

In diesem Tab kannst du kleinere Änderungen wie Lautstärke oder Grafikdetails vornehmen. Wenn das Spiel zufriedenstellend läuft, musst du hier keine Eingaben vornehmen. Läuft das Spiel dagegen langsam oder friert es gelegentlich ein, kannst du mit den Grafikeinstellungen entgegenwirken.

Melden

Der Tab „Melden" ermöglicht dir die Kontaktaufnahme mit Roblox, um Probleme zu melden. Du kannst zum Beispiel den Namen eines Spielers angeben, der sich im Game falsch verhält, oder eine Fehlfunktion im Spiel oder auf der Website (Fachjargon „Bug") melden.

Hilfe

Auf der Hilfeseite informierst du dich über die Spielregeln und die Steuerung. Bei jedem neuen Spiel solltest du dir diese nützliche Übersicht zu Gemüte führen.

Aufnehmen

Über den Tab „Aufnahme" kannst du deine schönsten Momente in verschiedenen Roblox Games verewigen. Wenn etwas Verrücktes passiert, willst du es unbedingt mitschneiden! Mit dem Button „Screenshot machen" fertigst du einen Bildschirmschnappschuss an, der standardmäßig unter „Dieser PC > Bilder > Roblox" gespeichert wird. Videoclips, die du mit „Video aufnehmen" anfertigst, landen im selben Ordner, von wo aus sie bearbeitet und auf Wunsch ins Internet hochgeladen werden können.

Ranglisten

In den meisten Roblox-Games siehst du in der oberen rechten Ecke des Bildschirms eine Rangliste, die verschiedene Spielernamen und Punktestände enthält. Somit siehst du auf einen Blick, welche Spieler aktuell die Higscores halten.

Diese Anzeige ist allerdings nicht genormt und erfordert bei manchen Titeln einen Tastendruck wie beispielsweise die Tab-Taste, um angezeigt zu werden. Andere Games zeigen keine Highscores, sondern beispielsweise nur die Anzahl an Toden.

MIT ANDEREN SPIELEN

Wenn du in Roblox spielst, sind immer andere Spieler zur exakt gleichen Zeit im Spiel unterwegs. Du kannst diese

Kollegen in der Spielwelt umherwandern sehen und durch die Namen über ihren Köpfen identifizieren. Dabei hast du verschiedene Möglichkeiten zur Kontaktaufnahme und Interaktion mit deinen Mitspielern.

DIE CHAT-BOX

Während eines Spiels in Roblox siehst du in der oberen linken Bildschirmecke ein Nachrichtenfeld, über das du mit deinen Mitspielern kommunizieren kannst. Um eine Nachricht zu senden, klicke in die Chat-Box oder drücke die /-Taste (Umschalttaste + 7) auf deiner Tastatur, gefolgt von deinem Text und der Eingabetaste. In vielen Spielen ist die Kommunikation über Strategien essenziell, sodass du die Chat-Box rege nutzen und beobachten solltest.

FREUNDE HINZUFÜGEN

Oftmals triffst du auf Spieler, mit denen du viel Spaß hast. Wenn deine Eltern damit einverstanden sind, kannst du solche Personen zu deiner Freundesliste in Roblox hinzufügen. Das funktioniert ähnlich wie bei sozialen Netzwerken wie Facebook oder Twitter.

Aus dem Spiel heraus rufst du mit der Esc-Taste oder einem Klick auf die drei Linien oben links das Optionsmenü auf und öffnest den Tab „Spieler". Neben dem Namen eines jeden Mitspielers befindet sich ein Button „Freund hinzufügen". Klickst du diesen an, erhält der Spieler eine Mitteilung, dass du ihn zu deinem Freund machen möchtest.

Sobald der Spieler auf deiner Freundesliste ist, siehst du, wenn er online ist und welches Game er spielt. Du kannst ihm auch eine Nachricht schicken, die unabhängig vom aktuellen Spiel ist. Im Grunde funktioniert das Ganze wie eine E-Mail, die auf Roblox-Konten beschränkt ist.

VERSTÖSSE VON SPIELERN MELDEN

Meistens hast du jede Menge Spaß mit deinen Mitspielern in Roblox-Games. Manchmal triffst du allerdings auf Zeitgenossen, die lediglich den Spielspaß für alle anderen ruinieren wollen. In diesem Fall solltest du den betreffenden Spieler sofort melden.

Nachfolgend einige Warnsignale, auf die du stets achten solltest. Achte auf Spieler, die:

- Flüche ins Chatfenster schreiben,
- dich unentwegt mit Nachrichten bombardieren,
- dich nach persönlichen Informationen oder Kontodaten fragen,
- dir das Spielen erschweren.

Wenn einer dieser Fälle zutrifft, kannst du den Spieler an Roblox melden. Dazu öffnest du das Optionsmenü und klickst auf den Tab „Melden". Wähle den Namen des betreffenden Spielers aus und entscheide dich für eine Art des Verstoßes. Optional kannst du auch Details in die Textbox „Kurzbeschreibung" eingeben.

Bedenke dabei stets, dass das Melden eines Spielers ähnlich wie das Verpetzen eines Mitschülers an den Lehrer ist. Deshalb solltest du nur zu dieser Maßnahme greifen, wenn sich der Spieler wirklich danebenbenimmt. Wenn irgendjemand im Chat eine andere Meinung hat als du oder dich einfach nur im Spiel besiegt, ist das kein Grund, ihn bei Roblox zu melden.

* * *

Nun, da du die Games anderer Spieler ausprobiert hast, kannst du dich daran machen, deine eigenen Spielwelten zu erschaffen. In Teil 2 dieses Buchs lernst du alles über das Entwickeln von eigenen Spielen in Roblox.

TEIL 2

BAUEN UND SCRIPTEN

KAPITEL 3

GRUNDLAGEN VON ROBLOX STUDIO

STOP

Das Spielen von Games anderer Roblox-Mitglieder ist definitiv ein Riesenspaß, doch nichts geht über das Entwickeln eines eigenen Spiels. Dafür stellt dir Roblox die praktische App Studio zur Verfügung. Derzeit funktioniert Roblox Studio nur auf Computern und nicht auf Smartphones, Tablets oder Spielkonsolen. Roblox Studio gibt dir mächtige Werkzeuge an die Hand, mit denen du ein Spiel ganz nach deinen eigenen Vorstellungen gestalten kannst!

Wenn du bereits Roblox-Games gespielt hast, stehen die Chancen gut, dass Roblox Studio bereits auf deinem Computer installiert ist und sich ein entsprechendes Icon auf dem Desktop befindet. Andernfalls klickt du auf der Roblox-Website auf „Erstellen" und folgst den Anweisungen für die Installation. Über den Link www.roblox.com/create/ gelangst du direkt in den Entwicklerbereich für eigene Spiele.

SO FUNKTIONIERT ROBLOX STUDIO

Wenn du Roblox Studio zum ersten Mal öffnest, tut sich einiges auf dem Bildschirm. Du siehst jede Menge Optionen und Menüs sowie eine Vielzahl von Ressourcen. Innerhalb dieser Oberfläche haben andere Nutzer deine Lieblingsspiele entwickelt. Nun bis du an der Reihe!

Roblox Studio sollte auf deinem PC etwa so aussehen:

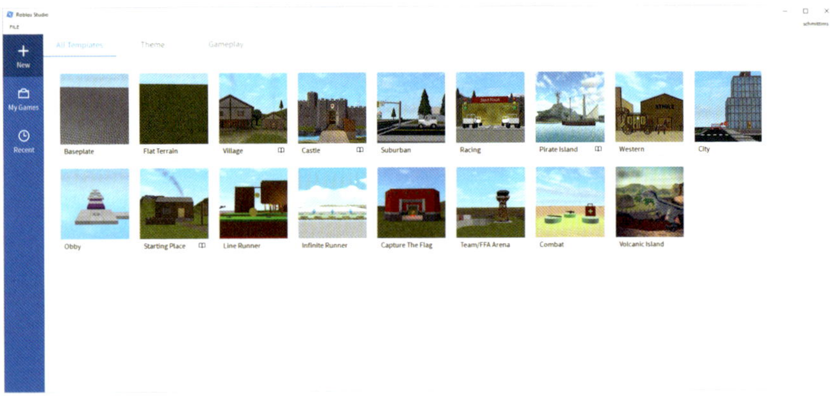

Roblox Corporation
DIE STARTSEITE VON ROBLOX STUDIO

Diese Ansicht nennt sich „Startseite" und ist nach jedem Programmstart von Roblox Studio zu sehen. Auf der linken Seite ist höchstwahrscheinlich der Punkt „New" ausgewählt. Darunter findet sich mit „My Games" der Zugang zum Bereich mit deinen in Entwicklung befindlichen Spielen, während du über „Recent" auf die letzten geöffneten Projekte zugreifen kannst.

DAS MENÜ „HOME“

Sobald du dich für eine Vorlage („Template“) entschieden hast, gelangst du in den Entwicklerbereich von Studio. Dieser ist in sieben große Bereiche unterteilt und beginnt mit „Home“.

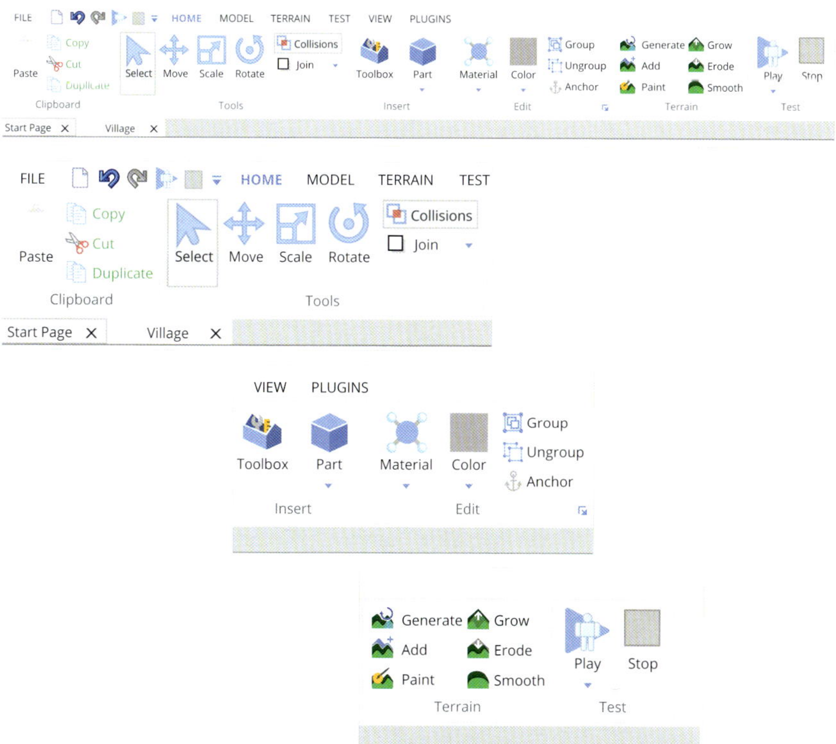

Roblox Corporation
DAS MENÜ „HOME“ IN ROBLOX STUDIO

Im „Home“-Menü links erkennst du alle grundlegenden Werkzeuge, die du zur Entwicklung brauchst.

CLIPBOARD

In diesem Abschnitt findest du alles rund um die Zwischenablage. Hier kannst du wie in einer Textverarbeitung Objekte ausschneiden, kopieren, einfügen oder duplizieren. Mit diesen Optionen kannst du beispielsweise Gegenstände im Spiel vervielfältigen oder unerwünschte Dinge aus der Spielwelt löschen. Nachdem du ein Objekt ausgeschnitten hast, kannst du es mit „Paste" wieder einfügen.

TOOLS

Rechts neben dem Clipboard-Bereich findest du die „Tools". Mit „Select" kannst du Objekte in der Spielwelt auswählen, etwa ein Auto oder einen Baum. Per „Move" änderst du die Position des Objekts in der Spielwelt. „Scale" dient zum Verändern der Objektgröße, während „Rotate" die Ausrichtung und Drehung eines Objekts ändert. Dies geschieht mit bunten Kugeln, die du bei gedrückt gehaltener Maustaste verschiebst, um das Objekt zu drehen.

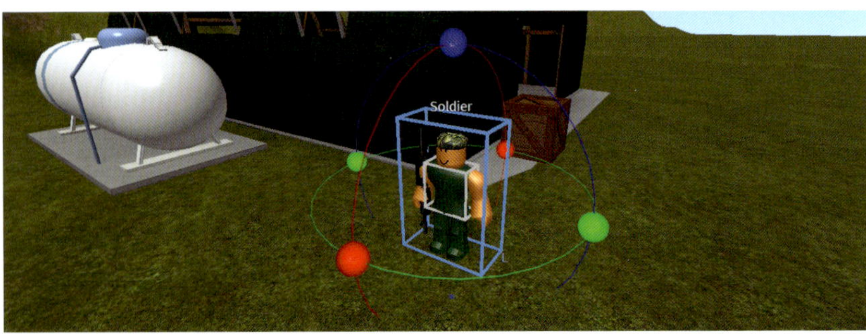

Roblox Corporation
DREHEN EINES SOLDATEN IN ROBLOX STUDIO

Rechts daneben findest du die Taste „Collisions". Ist diese eingeschaltet, wird die Kollisionserkennung eingeschaltet und das Objekt kann nicht mehr mit anderen Objekten in der Spielwelt überlappen. Fährt ein Auto gegen eine Wand mit Kollisionserkennung, kommt es zum Crash. Per „Join" kannst du mehrere Objekte miteinander verbinden, sodass sie stets gemeinsam bearbeitet werden.

INSERT

Der Bereich „Insert" ist klein, aber sehr nützlich. Klickst du auf „Toolbox", erscheint eine Sammlung von Objekten am linken Fensterrand. Hier findest du Hunderte vorgefertigte Objekte für die Verwendung in deinen Games – von Autos und Häusern bis hin zu Zombies und Robotern.

Roblox Corporation
DIE TOOLBOX VON ROBLOX STUDIO

Über das Drop-Down-Menü oben links greifst du auf verschiedene Kategorien wie „Models", „Decals" und „Audio" zu. Die Toolbox ist der leichteste Weg für das Bevölkern deiner Spielwelt – hol dir die fertigen Objekte und passe sie später an.

Dazu wählst du eine Kategorie und gibst anschließend rechts daneben einen Suchbegriff ein. Brauchst du ein Haus für deine Welt, gibst du ganz einfach „house" ein und suchst dir eines aus der Toolbox aus. Einige sind zwar mit dem Slogan „Free" versehen, doch alle enthaltenen Elemente sind kostenlos. Ein kleines orangenes Icon in Form eines Schilds sagt aus, dass das Modell von Roblox als besonders hochwertig ausgewählt wurde.

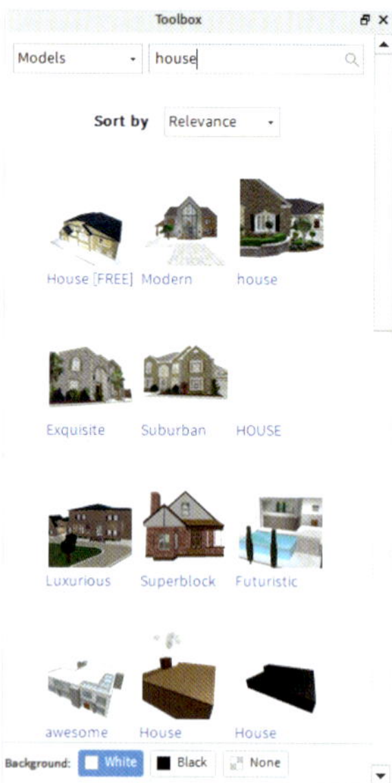

Roblox Corporation
EIN HAUS IN DER TOOLBOX SUCHEN

Zurück im Bereich „Einfügen" des „Home"-Menüs, findest du neben dem Toolbox-Icon ein kleines Symbol mit der Aufschrift „Part". Dahinter verstecken sich vier geometrische Bauteile: „Block", „Sphere", „Wedge" und „Cylinder". Dabei handelt es sich um jene Bausteine, aus denen nahezu alles in der Welt von Roblox besteht. Möchtest du ein Objekt – beispielsweise ein Haus – von Grund auf neu gestalten, kannst du dies durch die sorgfältige Kombination der verschiedenen Grundformen tun.

EDIT

Im Bereich „Edit" nimmst du Änderungen an Objekten innerhalb der Spielwelt vor. Mit der Funktion „Material" verleihst du einem Objekt einen neuen Look. So kannst du aus einer Holzkiste aus der Toolbox mit wenigen Klicks eine Kiste aus Ziegelsteinen machen. Direkt neben dem Material-Icon findest du die Option „Color", mit der du die Farbe von Objekten und Oberflächen änderst.

DIE TOOLBOX RICHTIG VERWENDEN

Die Toolbox von Roblox Studio ist extrem hilfreich, da sie vollgepackt ist mit qualitativ hochwertigen Objekten, die du nicht von Grund auf selbst gestalten musst. Eines solltest du jedoch stets im Hinterkopf behalten: besteht dein Spiel ausschließlich aus Toolbox-Objekten, wirkt es uninspiriert und wird deshalb auch von weniger Menschen gespielt werden. Deshalb solltest du die vorgefertigten Items anpassen oder komplett selbstgemachte hinzufügen.

Abgerundet wird der „Edit"-Bereich mit den Funktionen „Group", „Ungroup" und „Anchor". Ziehe einen Auswahlrahmen um mehrere Objekte herum auf und wähle „Group", um die enthaltenen Objekte zu gruppieren. Per „Ungroup" löst du bestehende Gruppen wieder auf. Per „Anchor" kannst du ein Objekt fest an einem bestimmten Platz in der Spielwelt fixieren.

Beispiel: Objekte bearbeiten

Am Beispiel des Soldaten aus dem Bild auf Seite 68 bringen wir nun alle Bearbeitungsoptionen zusammen. Im

Original trägt die Spielfigur grüne Kleidung, wie es sich für Militärs gehört. Mit einem schwarzen Hemd und einer blauen Hose würde sich der Soldat deutlich von der vorgefertigten Toolbox-Version unterscheiden.

Klicke dazu den Soldaten an und wähle im Bereich „Edit" die Option „Ungroup", um ihn in seine Einzelteile zu zerlegen. Nun kannst du bestimmte Teile der Figur auswählen, wie beispielsweise Kopf, Beine oder Arme. Klicke nun auf den Rumpf und im Bereich „Edit" auf „Color", um Schwarz auszuwählen. Nun trägt der Soldat ein schwarzes T-Shirt! Genauso verpasst du dem linken und rechten Bein eine blaue Färbung für einen coolen Jeans-Look.

Roblox Corporation
DER SOLDAT TRÄGT NUN BLUE-JEANS UND EIN SCHWARZES T-SHIRT

Mit solchen Änderungen gestaltest du vorgefertigte Toolbox-Objekte für deine eigenen Spiele um. Entwickelst du ein Rennspiel, kannst du die vorgefertigten Autos in ansprechenden Farben „lackieren" oder jeden Zuschauer individuell gestalten, um deinem Spiel einen realistischeren Look zu verleihen. Solche kleinen, aber feinen Änderungen sorgen für mehr Spielspaß.

TERRAIN

Der Bereich „Terrain" könnte bei dir ausgegraut (also nicht anwählbar) sein, da sich an vorgefertigten Terrains keine Änderungen vornehmen lassen. Gestaltest du allerdings ein neues Projekt, kann du mit dem „Editor" weitreichende Änderungen an der Umgebung deiner Spielwelt vornehmen. Auf diese Weise gestaltest du deine Welt genau so, wie du sie dir vorstellst. Weiter hinten in diesem Kapitel lernst du die mächtigen Funktionen für das „Terraforming" im Detail kennen.

TEST

Wenn du dein Spiel mit genug Objekten bestückt hast, solltest du einen Testlauf machen. Dazu ist der Bereich „Test" in der Menüleiste da. Klicke einfach auf den Button „Test" und schon kannst du dich in deiner eigenen Welt wie in einem beliebigen anderen Roblox-Spiel bewegen. Die Option „Play Here" lässt das Spiel genau an jener Stelle beginnen, die gerade im Editor angezeigt wird. Die Option „Run" lässt das Spiel ohne deinen Avatar laufen. Damit kannst du prüfen, wie die Dinge ohne Interaktion funktionieren. Mit der Taste „Stop" beendest du den Testlauf und kehrst zum Editor zurück.

NAVIGATION IN ROBLOX STUDIO

Neben dem Gestalten der Details in deinem Spiel – etwa die Änderung des Charakter-Outfits oder das Hinzufügen eines Hauses – musst du auch wissen, wie du dich während der Gestaltung innerhalb der Spielwelt bewegst.

Da du in Roblox Studio nicht mit deinem Spielcharakter unterwegs bist, stell dir die Umgebung einfach wie ein Filmset vor, auf das du eine unsichtbare Kamera richtest. Wie in einem Spiel bewegst du dich mit den Tasten W, A, S und D durch das Terrain. Durch Klickziehen mit der rechten Maustaste änderst du den Blickwinkel, während du mit Linksklicks bei gedrückt gehaltener Strg-Taste mehrere Objekte gemeinsam auswählst. Durch Drehen des Mausrads vergrößerst oder verkleinerst du die Ansicht.

Während du mehr Erfahrung im Umgang mit Roblox Studio erlangst, lernst du hilfreiche Abkürzungstasten kennen, die dir den umständlichen Weg durch die einzelnen Menüs und Untermenüs ersparen.

DAS MENÜ „MODEL"

Die meisten Gestaltungsarbeiten kannst du im „Home"-Menü vornehmen, sodass du nur selten zu den anderen Menüs wechseln musst. In den weiteren Menüs finden sich spezielle Werkzeuge für bestimmte Aufgabenbereiche.

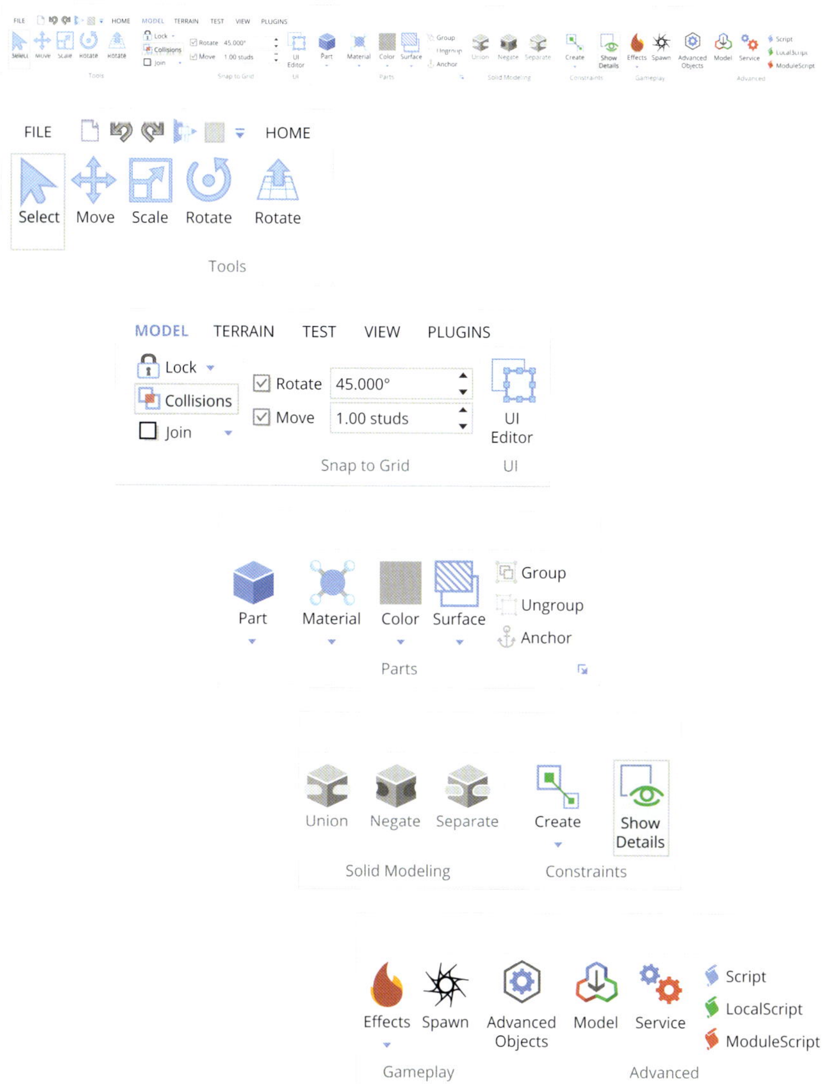

Roblox Corporation

DAS MENÜ „MODEL" IN ROBLOX STUDIO

Das „Model"-Menü findet sich rechts neben dem „Home"-Menü. Der linke Bereich enthält weitgehend die gleichen Tools wie das „Home"-Menü und zusätzlich die Optionen „Transform" und „Join". Womöglich brauchst du diese erweiterten Versionen der Skalierungs- und Gruppen-Werkzeuge gar nicht für deine Entwicklungsarbeit.

Die Sektion „Snap to Grid" brauchst du für die präzise Ausrichtung von Objekten. Wenn du ein Objekt auswählst, erkennst du ein feines Gitterraster an der Unterseite. Per „Snap to Grid" werden alle Objekte am unsichtbaren Raster innerhalb der Spielwelt ausgerichtet, wobei du die Schrittweite unter „Move" und die Rotationsschritte in Winkelgraden unter „Rotate" festlegen kannst.

Die restlichen Bereiche des „Model"-Menüs wie „Solid Modeling", „Constraints", „Gameplay" und „Advanced" werden später im Buch ausführlich behandelt. Für den Moment brauchst du sie nicht und kannst sie ignorieren.

DAS MENÜ „TERRAIN"

Rechts neben dem „Model"-Menü findest du das Menü „Terrain". Die dazugehörige Toolbox öffnest du im „Home"-Menü mit einem Klick auf „Editor" im Bereich „Terrain". Dieses Menü gehört zu meinen Lieblings-Features in Roblox Studio, da du damit im Handumdrehen weitreichende Änderungen an den Landschaften in deinem Spiel vornehmen kannst. Wenn du im Gegensatz zu den vielen „pixeligen“ Roblox-Games einen Titel mit einem realistischeren Look gestalten möchtest, sind die Terrain-Funktionen genau das richtige für dich.

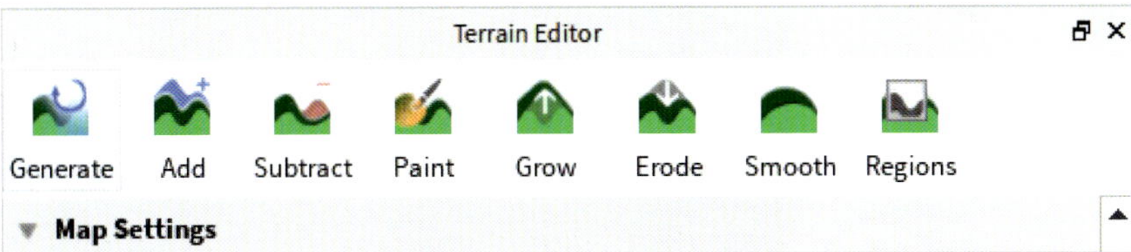

Roblox Corporation
DER TERRAIN-EDITOR IN ROBLOX STUDIO

Das „Terrain“-Menü und die entsprechende Toolbox warten mit acht intuitiv bedienbaren Funktionen auf. Klicke zu Beginn auf „Generate“, um eine Landschaft zu generieren. Nun erscheinen mehrere Optionen für die neue Landschaft. Unter „Map Size“ (Kartengröße) legst du „Medium“ fest, bevor du weiter unten im Dialog verschiedene Landschaftsmerkmale („Biome“) festlegst. Für das Beispiel habe ich die Optionen „Water“ (Wasser), „Plains“ (Ebenen), „Hills“ (Hügel) und „Mountains“ (Berge) ausgewählt und die Landschaft mit einem Klick auf „Generate“ berechnen lassen. Roblox Studio lässt Berge aus dem Boden wachsen, Flüsse durch Canyons fließen und sprenkelt weite Ebenen mit Grasflächen und sanften Hügeln. Das Ergebnis sieht fast so aus wie eine echte Landschaft und kann sich durchaus mit kommerziellen Games messen.

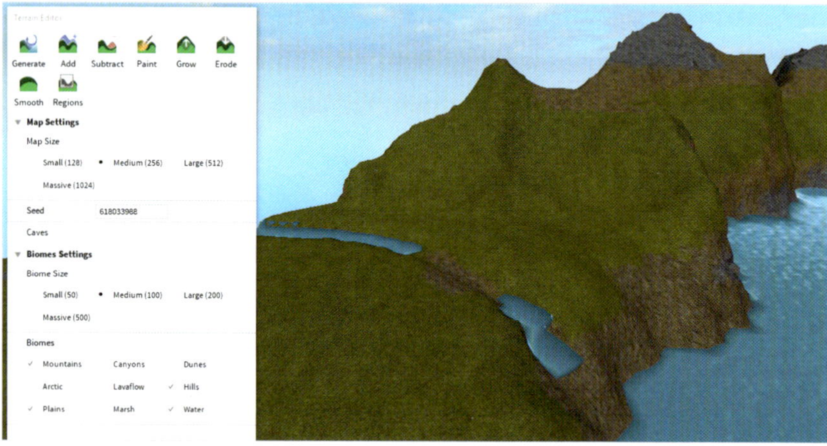

Roblox Corporation

DETAILLIERTE LANDSCHAFTEN IN ROBLOX STUDIO

Unternimm einen weiteren Anlauf mit anderen Biomen. Im Beispiel habe ich einen Mix aus „Dunes" (Wüste), „Canyons" (Schluchten), „Mountains" (Berge) und „Lavaflow" (Lavafluss) ausprobiert und mit „Generate" berechnen lassen.

Roblox Corporation

ABWECHSLUNGSREICHE LANDSCHAFTEN IN ROBLOX STUDIO

Siehst du den Unterschied? Durch Ändern der Einstellungen im Terrain-Editor erschaffst du völlig neue Spielwelten. Doch das geschieht rein zufällig – deshalb greifst du nun aktiv ins Geschehen ein:

- „Add": Wähle zwischen Kugel- oder Würfelform, lege die Größe („Size") und die Stärke („Strength") fest und entscheide dich unter „Material" für eine Terrain-Variante (standardmäßig auf „Grass" eingestellt). Klickst du nun mit der linken Maustaste in die Landschaft, wird innerhalb des Cursors die gewählte Landschaftsart eingefügt. Fliegende Erdklumpen würden komisch aussehen, doch das Tool ist sinnvoll zum Aufbauen von Hügeln oder Bergen. Auf diese Weise gestaltest du deine Spielwelt abwechslungsreicher – besonders dann, wenn du alternative Materialen wie Sand, Wasser oder Eis verwendest.
- „Substract": Die Funktion „Substract" ist das Gegenteil von „Add". Wenn du einen Bereich absenken möchtest, klicke einfach mit dem Cursor auf die gewünschte Stelle. Dann wird die Landschaft sprichwörtlich wie mit einem Staubsauger aufgesaugt.
- „Paint": Mit dieser Option bemalst du Landschaftsteile wie mit einem Pinsel mit einer dünnen Schicht des ausgewählten Materials. Auf diese Weise kannst du zum Beispiel einen Berggipfel mit einer Schneekuppe versehen.

- „Grow" und „Erode": Diese Werkzeuge funktionieren ähnlich wie „Add" und „Substract", gehen dabei allerdings weniger extrem zu Werke. Statt komplett neue Landschaftsteile hinzuzufügen oder zu entfernen, wird die bestehende Landschaft sanft angehoben oder abgesenkt.

Roblox Corporation
EIN MIT DER „GROW"-FUNKTION VON STUDIO EINGEFÜGTER HÜGEL

- „Smooth": Dieses Tool dient zum Abmildern von harten Kanten, um deine Landschaft natürlicher erscheinen zu lassen. Damit gestaltest du beispielsweise die Übergänge zwischen Bergen und der Oberfläche viel weicher.

- „Regions": Mit dieser Option kannst du komplette Bereiche deiner Landschaft auswählen und diese bewegen, kopieren, skalieren oder drehen

Unter allen in Roblox Studio verfügbaren Dingen sind die Terrain-Funktionen die am leichtesten verständlichen, aber auch am schwersten zu meisternden Tools. Hier macht Übung den Meister: Je länger du Landschaften gestaltest, desto besser wirst du in dieser Disziplin.

DAS MENÜ „TEST"

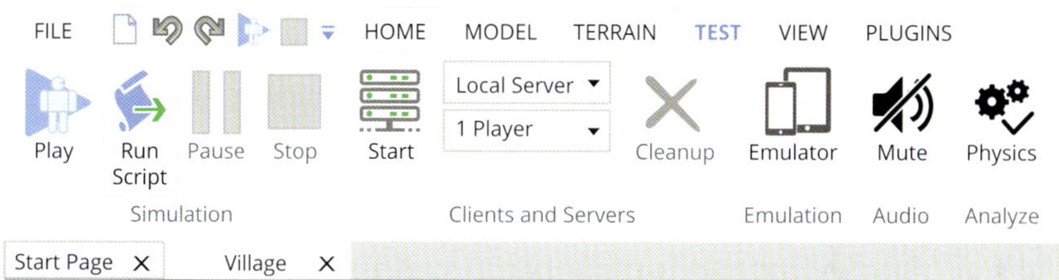

Roblox Corporation
DAS „TEST"-MENÜ IN ROBLOX STUDIO

Sobald dein Game auf irgendeine Weise spielbar ist (mehr zu diesem Thema später), kannst du es mit den Funktionen aus dem „Test"-Menü anspielen und testen. Hier ein kurzer Überblick über die zur Verfügung stehenden Optionen:

- „Simulation": Ganz links befindet sich die Sektion „Simulation". Diese enthält mit „Play", „Play here“ und „Run“ dieselben Test-Optionen wie das „Home“-Menü, bietet aber darüber hinaus noch viele weitere Funktionen. Mit „Run Script“ startest du ein spezifisches Script, dass du für dein Spiel vorbereitet hast. Bei einem Script handelt es sich um eine Liste mit Befehlen, denen der Computer folgt. Mehr zum Thema „Scripting“ erfährst du weiter hinten im Buch. Mit der Funktion „Pause“ hältst du das Spiel an – genau so wie einen Film, den du auf Pause stellst. Der Rest des Menüs ist ziemlich komplex:

- „Clients and Servers“: In diesem Bereich kannst du dein Spiel im Multiplayer-Modus testen und die Anzahl der teilnehmenden Spieler festlegen.
- „Emulation“: Der Emulator simuliert dein Game auf anderen Geräten und stellt es auch entsprechend dar. So kannst du prüfen, wie dein Spiel auf einem Smartphone oder einem Tablet aussieht.
- „Audio“: In diesem Bereich kannst du die Audio-Wiedergabe anhalten und wieder fortsetzen.
- „Analyze“: Das Analyse-Tool hilft dir dabei, die Performance deines Games zu optimieren. Es prüft, wie sehr sich die Geschehnisse im Spiel auf die Geschwindigkeit auswirken. Wenn auf dem Bildschirm viel passiert – etwa mehrere Explosionen und zu viele Gegner, die gleichzeitig angreifen –, kann dein Game für manche Teilnehmer zu langsam werden.

DAS MENÜ „VIEW“

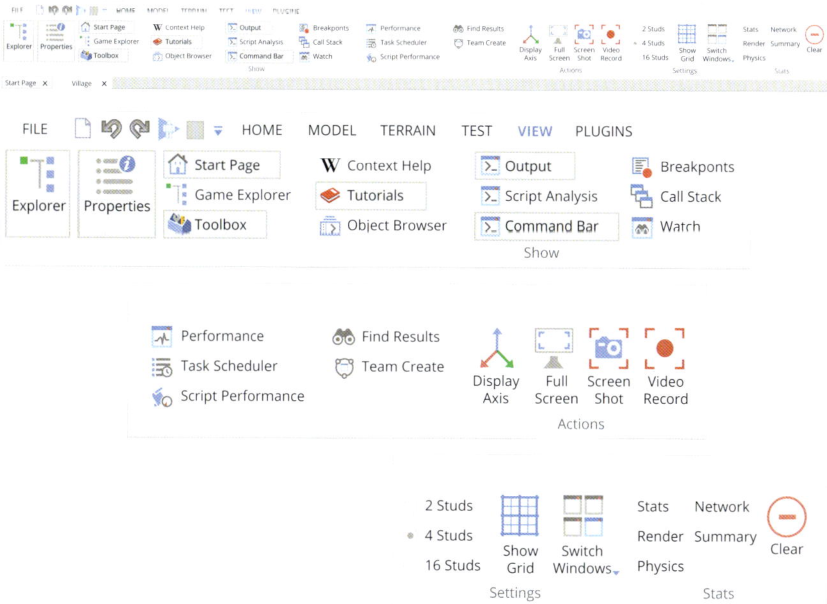

Roblox Corporation
DAS MENÜ „VIEW“ IN ROBLOX STUDIO

Im „View“-Menü ist jede Menge los, wie du selbst sehen kannst. Lass uns einen Blick auf die Bereiche werfen:

SHOW

In diesem Abschnitt kannst du Paletten und Toolboxen von Roblox Studio bei Bedarf ein- und ausschalten. Und da das Programm so viel zu bieten hat, findest du hier entsprechend viele Schaltflächen.

So kannst du mit einem Klick auf den Button „Explorer" die dazugehörige Palette im Fenster rechts ausschalten. Diese zeigt dir eine Vielzahl von Informationen zu deinem Projekt an – zum Beispiel die Speicherorte, die Reihenfolge und vieles mehr. Brauchst du die Informationen gerade nicht, kannst du durch Ausschalten des Fensters deine Arbeitsumgebung viel übersichtlicher gestalten.

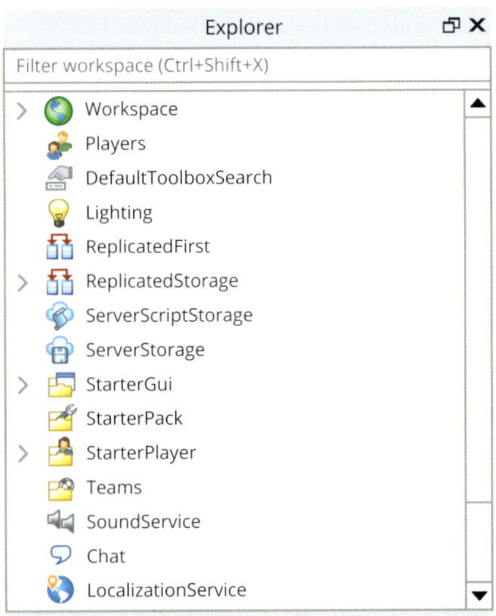

Roblox Corporation
DIE EXPLORER-PALETTE

Mit der Taste „Properties" schaltest du die Anzeige der Objekt-Eigenschaften ein oder aus, die sich direkt unterhalb der Explorer-Palette befindet. In diesem Fenster siehst du alle Infos vom kleinsten Objekt bis hin zum größten Gebäude in deiner Spielwelt, darunter beispielsweise Größe und Anzahl der Bestandteile.

Wenn du schnell zur Homepage (dem Bildschirm direkt nach dem Programmstart) von Roblox Studio gelangen willst, klickst du einfach auf „Start Page".

Roblox Studio wartet sogar mit eingebauten Tutorials auf. Um den Umgang mit dem Tool Schritt für Schritt zu erlernen, hältst du einfach die Palette „Tutorials" geöffnet.

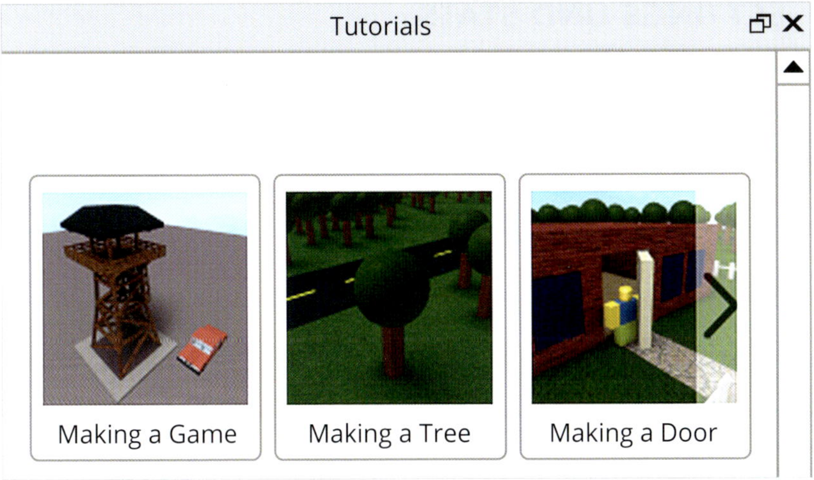

Roblox Corporation
VERSCHIEDENE TUTORIALS

Die restlichen Optionen wie „Script Analysis", „Call Stack" oder „Script Performance" sind Entwickler-Profis vorbehalten, sodass du sie im Moment nicht brauchst.

ACTIONS

Im Bereich „Action" finden sich einige sehr interessante Funktionen. Klickst du auf „Full Screen", nimmt Studio den gesamten Bildschirm ein und zeigt damit so viele Informationen wie möglich an. Mit dem Icon „Screen Shot" fertigst du einen Bildschirmschnappschuss aus dem laufenden Spiel heraus an, während „Video Record" die Filmaufnahme startet. „Display Axis" zeigt dir das Linienraster des Koordinatensystems an.

SETTINGS UND STATS

Ganz rechts im „View“-Menü findest du die Bereiche „Settings“ und „Stats“. Diese benötigst du für deine ersten Gehversuche in Roblox Studio noch nicht.

DAS MENÜ „PLUGINS“

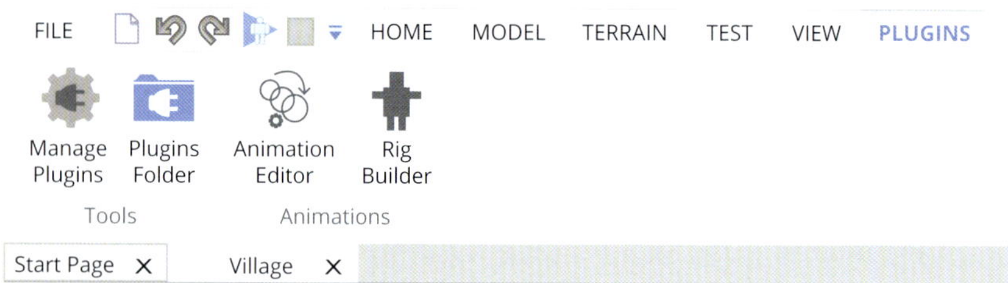

Roblox Corporation
DAS PLUGINS-MENU VON ROBLOX STUDIO

Im letzten Menü in der Leiste ganz rechts dreht sich alles um das Thema „Plugins“. Diese praktischen Zusatzprogramme machen dir die Entwicklungsarbeit in Roblox Studio leichter und erweitern das Tool um zusätzliche Werkzeuge, Hilfsprogramme oder Effekte. Die Plugins brauchst du erst später, sodass wir hier nur die Grundlagen beleuchten:

- „Tools“: Auf der Roblox-Website und in den Foren findest du eine Vielzahl von Plugins, die du in Studio integrieren kannst. Mit einem Klick auf „Manage Plugins“ kannst du nach neuen Plugins suchen und

Einstellungen an den bereits installierten Plugins vornehmen. Die Funktion „Plugins Folder" zeigt dir den Inhalt des Ordners, in dem all deine Plugins gespeichert sind. Wenn du neu bei Roblox und Roblox Studio bist, sind die entsprechenden Übersichten und Verzeichnisse noch leer.

- „Animations": Der Bereich „Animations" besteht aus dem Animations-Editor und dem Rig Builder. Mit dem Animations-Editor gestaltest du bestimmte Aktionen und Bewegungsabläufe für Charaktere und Objekte in deinen Spielen. So kannst du beispielsweise den Soldaten vom Anfang dieses Kapitels mit den Armen rudern lassen, während er davonläuft. Die Erstellung von Animationen erfordert viel Übung im Umgang mit Modellen und Charakteren, sodass du einige Zeit benötigen wirst, um ansprechende Bewegungen auf den Bildschirm zu bringen. Dennoch solltest du den Editor mal ausprobieren, denn es macht viel Freude, deine Charaktere lustige Dinge tun zu lassen.

Mit dem Rig Builder erstellst du neue Objekte und Charaktere, die speziell für Animationen ausgelegt sind.

* * *

Nun kennst du die wichtigsten Funktionen von Roblox Studio. Es ist ein wirklich cooles und mächtiges Tool zum Gestalten eigener Games. Mit der Zeit wirst du die Menüs im Schlaf bedienen können und in Windeseile zu tollen Ergebnissen kommen. Deshalb ist es nun auch an der Zeit, dein erstes eigenes Spiel zu entwickeln.

KAPITEL 4

DEIN ERSTES EIGENES SPIEL

STOP

Mit ein wenig Übung ist das Entwickeln von Spielen in Roblox Studio kinderleicht. Viel schwerer ist meist das Finden einer Grundidee für ein neues Game. Probiere verschiedene Ansätze aus und finde selbst heraus, ob deine Idee für ein spaßiges Spiel reicht. Sollte es mal schiefgehen, keine Panik: Das passiert selbst den besten Spieleentwicklern! Starte einfach einen neuen Versuch. Je mehr Spiele du entwickelst, umso mehr Erfahrung gewinnst du hinzu und desto besser werden deine Games.

AM ANFANG STEHT DIE IDEE

Einer der besten Aspekte von Roblox ist die vollkommene Freiheit beim Gestalten eines Spiels. Du kannst ein Open-World-Adventure im Stil der LEGO-Games, eine Simulation wie SimCity oder Roller Coaster Tycoon, ein Action-Game wie The Legend of Zelda oder einen Shooter wie Call of Duty entwickeln.

In diesem Buch lernst du eine Handvoll Spielideen kennen, die leicht zu verstehen und umzusetzen sind. Doch natürlich steht es dir auch frei, deine eigenen Ideen in Roblox Studio zu realisieren und damit ein zu 100 Prozent originales Game aus dem Hut zu zaubern.

Nur einige wenige Spielideen lassen sich nicht in Roblox realisieren. Dazu gehören 2D-Plattform-Games und Hindernisläufe wie die Jump-and-Runs der Super-Mario-Reihe, die von links nach rechts scrollen. Dieses Spieleprinzip funktioniert nicht auf einer 3D-Plattform wie Roblox. Allerdings kannst du einen 3D-Plattformer wie Super Mario 64 problemlos in Studio gestalten.

Nachfolgend möchte ich dir die nötigen Schritte für die Gestaltung eines Roblox-Games vermitteln.

VON ANDEREN TITELN LERNEN

Mach dir Gedanken über die Art von Games, die du selbst gerne spielen würdest. Suche auf Roblox nach Spielen, die dich ansprechen, und spiele diese so oft wie möglich an oder durch. Auf diese Weise lernst du, welche Spiele bereits auf dem Markt sind und wie diese in der Community ankommen. Gefällt dir irgendetwas nicht in Spielen anderer, wird es auch in deinem eigenen Spiel keinen Spaß bringen. Auf der anderen Seite kannst du herausfinden, was in den Games anderer fehlt – und dieses Feature in *dein* Spiel packen!

SCHREIB DEINE IDEEN AUF

Du solltest all deine Ideen stets aufschreiben, damit du sie nicht vergisst. Sobal dir eine Idee durch den Kopf schießt, kannst du sie beispielsweise in einem Notizbuch verewigen. Was ist das Ziel des Spiels? Was müssen die Spieler tun? Was sorgt für Spielspaß? Wo liegen die Unterschiede und Gemeinsamkeiten zu anderen Games? Schreib stets alle Ideen auf, auch wenn sie nicht zum aktuellen Projekt gehören – sie könnten sich in einem späteren Spiel als sehr nützlich erweisen!

HOL DIE MEINUNG VON FREUNDEN EIN

Du solltest einige deiner Freunde fragen, was sie von deiner Idee halten. Fällt ihr Urteil positiv aus, stehen die Chancen gut, dass dein Game auch anderen Spielern gefällt. Darüber hinaus können deine Freunde eigene Ideen beisteuern, um das Spiel noch besser zu machen. Einige Entwickler machen lieber ein Geheimnis aus ihren neuen Projekten – das ist vollkommen in Ordnung!

GAME-DESIGN-EINMALEINS

Da es sich höchstwahrscheinlich um dein erstes eigenes Spiel handelt, musst du dich langsam an die Thematik herantasten – du wirst bestimmt keinen preisgekrönten Spitzentitel aus dem Ärmel schütteln. Hier ist die allgemein übliche Vorgehensweise:

1. Entwickle eine Spielidee
2. Erschaffe eine einfache Spielwelt
3. Gestalte das Terrain
4. Füge Charaktere und Objekte hinzu
5. Gib deinen Spielern eine Aufgabe

Lass uns mit einer simplen Aufgabe beginnen: einem Obby. In Roblox steht Obby für „Obstacle Course“, zu deutsch „Hindernis-Parcour“. Traditionell werden solche Spiele auch als „Plattformer“ bezeichnet, zu denen Titel aus Reihen wie Mario, Sonic und Crash Bandicoot gehören. Sie alle setzen vom Spieler ein hohes Maß an Geschicklichkeit voraus.

Die Entwicklung eines Obby ist einfach und macht Spaß, sodass es der ideale Kandidat für dein erstes Spiel ist!

WAS MACHT EIN GUTES OBBY AUS?

Bevor du ein Spiel entwickelst, solltest du dir Gedanken um dessen wichtigste Kernelemente machen. Wenn du jemandem ein Spiel überreichst und ihm sagst, dass es ein

Shooter ist, weckst du eine gewisse Erwartungshaltung: Der Spieler geht davon aus, dass er sich frei bewegen kann, bewaffnet ist und Gegner beschießen kann.

Eine ähnliche Erwartungshaltung haben Spieler, wenn sie auf der Roblox-Website ein Obby auswählen. Ein Obby besteht aus folgenden Kernelementen:

Bewegung

Wie in den meisten Roblox-Games müssen die Spieler in der Lage sein, sich frei zu bewegen und zu springen. In den meisten Obby-Games gibt es keine Gegner, Waffen oder benutzbare Ausrüstungsgegenstände. In einem Obby dreht sich alles darum, Hindernissen auszuweichen, präzise zu springen und das Ende zu erreichen.

Hindernisse

Wie der Name „Obby" (Hindernis) schon vermuten lässt, solltest du deine Levels mit möglichst vielen und kniffligen Hindernissen sprenkeln. Dazu gehören Plattformen, auf die gesprungen werden muss, sowie gefährliche Fallen und explodierende Areale zum Ausweichen. Du kannst alle drei Hindernisvarianten auch beliebig mischen.

Checkpoints

Da Obby-Games sehr knifflig sein können, musst du den Spielern über den gesamten Level verteilte Checkpoints gewähren. Stirbt ein Avatar an einer bestimmten

Stelle, kann er vom letzten Checkpoint aus weitermachen, statt den gesamten Level noch mal bewältigen zu müssen – was sehr nervig sein kann. Du bist nicht gezwungen, Checkpoints einzubauen, doch sie halten die Motivation hoch und bringen die Spieler dazu, es vom letzten Checkpoint aus immer wieder zu versuchen.

Spielziel

Die Spieler brauchen einen Grund, es bis zum Ende deines Obby zu schaffen. Dabei kann es sich um einen großen Checkpoint, eine riesige Plattform oder einen Charakter handeln, der dem Spieler gratuliert. Egal, welches Ende du wählst: Der Spieler muss das Gefühl haben, eine gute Leistung erbracht zu haben.

IN FÜNF SCHRITTEN ZUM EINFACHEN ROBLOX-SPIEL

Du kannst ein Spiel in fünf Minuten oder in fünf Wochen vollenden: Es kommt immer darauf an, wie viel Herzblut du in deine Kreation investieren möchtest. Mit den folgenden fünf Schritten machst du aus einer Vorlage dein eigenes Game:

SCHRITT 1. WÄHLE EINE VORLAGE

Nach dem Öffnen von Roblox Studio wählst du auf der Startseite links die Option „New". Entscheide dich in der oberen Leiste für die Variante „All" oder „Gameplay". In beiden Kategorien sollte eine Vorlage namens „Obby" erscheinen, die Plattformen vor blauem Himmel zeigt. Klicke auf die Vorlage, um sie in den Speicher zu laden.

Dank der in der Vorlage vorhandenen Bauteile musst du dein erstes Spiel nicht von Grund auf neu gestalten, sondern kannst das Template nach deinen Vorstellungen anpassen. Das spart eine Menge Zeit.

TASTATUR- UND MAUSKÜRZEL

Um dir einen besseren Überblick zu verschaffen, änderst du den Kamerawinkel mit gedrückt gehaltener rechter Maustaste. Mit dem Mausrad kannst du hinein- und herauszoomen. Mit der Taste W bewegst du die Kamera vorwärts, mit S rückwärts, mit A nach links und mit D nach rechts. Objekte und Menüs lassen sich mit der linken Maustaste anwählen. Die rechte Maustaste führt zu Kontextmenüs.

SCHRITT 2. DIE VORLAGE AUSPROBIEREN

Sobald die Vorlage geladen ist, sieht sie in etwa so aus wie im Bild auf der nächsten Seite.

Lediglich einige wenige Blöcke schweben im Himmel. Auch wenn es verrückt klingt: Probiere diese Vorlage in ihrer ursprünglichen Fassung aus. Dazu klickst du im Home-Menü im Bereich „Test" auf „Play". Schon startet das Testspiel mit deinem Avatar.

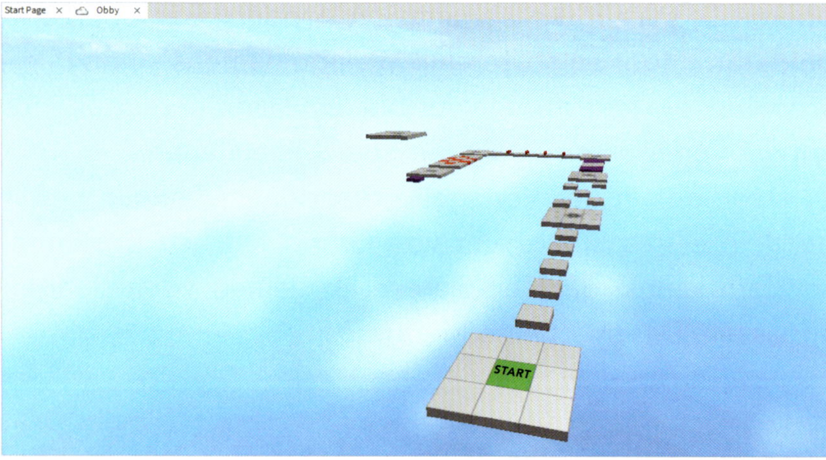

Roblox Corporation
DIE STANDARD-VORLAGE FÜR EIN OBBY-SPIEL

DIE OBBY-VORLAGE SPIELEN

Mit den WASD-Tasten steuerst du deinen Avatar und mit der Leertaste lässt du ihn springen. Mit gedrückt gehaltener rechter Maustaste änderst du den Blickwinkel für mehr Übersicht im Level. Das Spielprinzip ist simpel: Springe auf die weißen Blöcke, meide die roten Areale und berühre das Bild einer Spirale, um den Checkpoint zu aktivieren.

Während des Spielens erkennst du, dass die Vorlage bereits alle vier Bestandteile eines guten Obby enthält. Du bewegst dich und springst, es gilt Hindernissen auszuweichen, Checkpoints weisen den Weg und es gibt ein Ziel am Ende des Levels. Allerdings ist das Game noch recht langweilig.

SCHRITT 3. DIE VORLAGE BEARBEITEN

Erinnerst du dich an die Aussage, dass dein Spiel sich von anderen Games abheben sollte? Viele Spieler nutzen diese Vorlage für ihre Games – und bereits auf den ersten Blick sticht der blaue Himmel ins Auge. Genau deshalb verändern wir nun den Hintergrund.

Stelle sicher, dass im Menü „View" unter „Show" die Taste „Explorer" aktiviert ist. Am rechten Fensterrand solltest du die dazugehörige Toolbox sehen. Klicke auf den Eintrag „Lighting", woraufhin die Beleuchtungseinstellungen angezeigt werden.

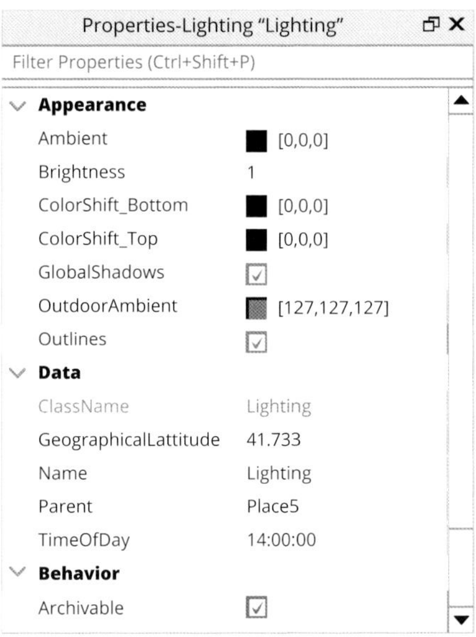

Roblox Corporation

DIE BELEUCHTUNGSOPTIONEN

Die Liste mit Parametern ist sehr lang und auf den ersten Blick verwirrend. Doch lasse dich nicht von der Vielfalt überwältigen und suche gezielt nach dem Bereich „Data". Ganz unten in diesem Abschnitt siehst du den Parameter „TimeOfDay" („Tageszeit"). Dieser ist auf 14:00:00 voreingestellt. Am frühen Nachmittag ist der Himmel hell und strahlend blau. Wie wäre es mit einem stimmungsvollen Nachthimmel? Klicke dazu einfach auf die Uhrzeit und gib einen neuen Wert ein – beispielsweise 20:00:00 für acht Uhr abends. Bestätige mit der Eingabetaste und schon färbt sich der Himmel dunkelblau und lila, was für einen hübschen Effekt sorgt.

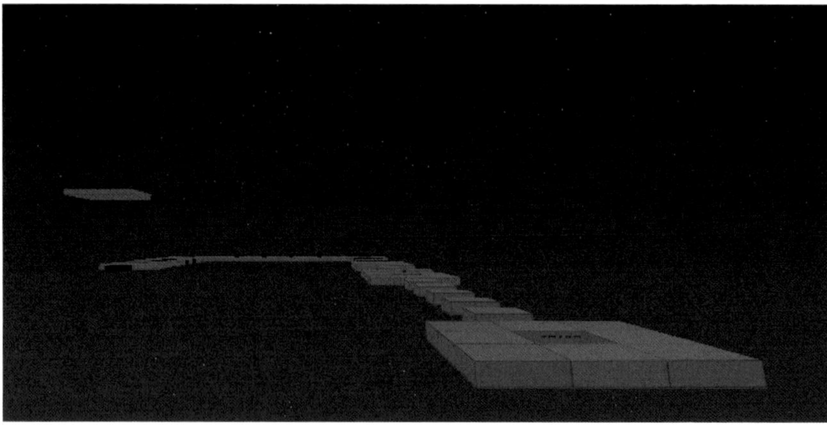

Roblox Corporation

DIE OBBY-VORLAGE MIT NÄCHTLICHEM HIMMEL ALS HINTERGRUND

Eine winzige Änderung in den Beleuchtungseinstellungen macht einen gewaltigen visuellen Unterschied. Lass uns noch einige weitere Anpassungen ähnlich wie beim Soldaten aus Kapitel 3 vornehmen. Im Moment sind die ungefährlichen Blöcke weiß gefärbt und die gefährlichen Blöcke rot. Nun färbst du die „guten" Blöcke mit einem Backsteinmuster und die „bösen" Blöcke neonrot ein, was sie vor dem dunklen Hintergrund noch bedrohlicher erscheinen lässt.

Zoome die Kamera ein wenig heraus, sodass du den ganzen Level im Blick hast. Dann ziehst du mit gedrückt gehaltener Maustaste einen Rahmen um alle sicheren Blöcke herum auf, um diese gemeinsam auszuwählen. Alternativ kannst du auch die Strg-Taste gedrückt halten und alle gewünschten Elemente nacheinander anklicken, um sie gemeinsam zu markieren.

Im „Home"-Menü findest du den Bereich „Edit". Klicke dort auf „Material" und anschließend auf „Brick" („Ziegelstein"). Danach öffnest du das Menü „Color" und wählst eine neue Farbe aus – versuch es mit „Crimson", „Maroon" oder einer anderen dunklen Rotschattierung. Auch der Startblock lässt sich umfärben: Ich habe „Neon" als Material und „New Yeller" als Gelbton ausgewählt, damit er sich von allen anderen Blöcken deutlich abhebt.

Roblox Corporation

DIE OBBY-VORLAGE MIT BLÖCKEN AUS ZIEGELSTEINEN

So weit, so gut – leider unterscheiden sich nun die sicheren Blöcke nicht mehr allzu sehr von den gefährlichen Plattformen. Und die lilafarbenen Trampolin-Blöcke sind viel zu dunkel, um sie auf einen Blick zu erkennen. Deshalb änderst du nun auch das Aussehen der anderen Blöcke.

Wähle alle „bösen" Blöcke gemeinsam aus und verleihe ihnen das Material „Neon" und die Farbe „Really Red", damit sie so richtig hervorstechen. Die Trampolin-Blöcke färbst du blau ein, damit sie besser sichtbar sind. Nun stechen die gefährlichen Blöcke extrem ins Auge – ein Riesenunterschied zur Originalvorlage!

Roblox Corporation
DIE OBBY-VORLAGE MIT NEUEN FARBEN

Nicht schlecht für ein paar simple Farbwechsel!

SCHRITT 4. HINDERNISSE VERÄNDERN

Dein Level sieht zwar nun ganz anders aus als die Vorlage, auf der er basiert – doch es handelt sich immer noch um denselben Level. Jemand, der die Vorlage bereits gespielt hat, weiß, was zu tun ist. Deshalb musst du eigene Dinge in das Spiel einbauen.

Fang ganz einfach an: Wähle einen der sicheren Blöcke aus und klicke im Kontextmenü (rechte Maustaste) auf „Copy". Begib dich ans Ende des Levels und wähle dort „Paste", sodass der neue Block dort erscheint. Verschiebe den Block so lange, bis er zu den anderen passt. Füge auf diese Weise weitere Blöcke hinzu, um deinen Level zu erweitern. Damit machst du die Vorlage zu deinem eigenen Spiel.

Roblox Corporation
DIE OBBY-VORLAGE MIT NEUEN PLATTFORMEN

In diesem Bild siehst du ein Beispiel zur Erweiterung eines Levels. Ich habe einige Blöcke vor dem Checkpoint platziert und eine schwierige Passage mit zwei „bösen" Neonblöcken konstruiert. Danach folgen Trampolin-Blöcke, die den Spieler zum nächsten Checkpoint bringen.

Durch das Hinzufügen neuer Blöcke habe ich die Grundidee der Vorlage weitergesponnen und sie mit einem Kniff zu etwas Eigenem gemacht: das Springen über mehrere Trampolin-Blöcke. Auf dieser Basis kannst du ein überaus anspruchsvolles Obby gestalten, das voller kniffliger Stellen und komplexer Mechaniken steckt und damit eine echte Herausforderung für alle Spieler darstellt.

SCHRITT 5. TESTPHASE!

Wenn du ein Spiel gestaltest – im Besonderen so etwas kniffliges wie ein Obby –, solltest du es immer wieder selbst spielen. Nur so kannst du sicherstellen, dass es nicht zu schwierig wird. Du solltest auch die Meinung von Freunden und Familienmitgliedern einholen. Diese Phase wird im Fachjargon als „Playtesting" bezeichnet und wird von allen bedeutenden Entwicklern praktiziert.

Während der Testphase wirst du Dinge verändern, hinzufügen oder löschen. Danach unterziehst du die veränderte Version einem weiteren Playtest.

* * *

Gratulation – du hast dein erstes eigenes Roblox-Game gestaltet! Nun gehen wir eine Stufe weiter und lernen einiges über das Gestalten von Spielewelten. Schwebende Hindernis-Parcours sind unterhaltsam, doch richtige Spielwelten zu erforschen, macht viel mehr Spaß.

KAPITEL 5

WELTEN ERSCHAFFEN

STOP

Dein erstes Spiel ist wahrscheinlich sehr simpel, doch das ist okay. Bevor du laufen lernst, musst du erst krabbeln – das ist beim Game-Design nicht anders. In diesem Kapitel lernst du das Aufbauen ganzer Welten und erfährst, warum diese so essenziell für das Spieldesign sind. Dabei lernst du folgende Dinge:

- realistische Welten erschaffen,
- die richtige Größe für Spielwelt und Level in Roblox abschätzen,
- die Spielerstellung durch Wiederverwenden von Objekten und Landschaften beschleunigen,
- die Nutzung verschiedener Grafikstile für unterschiedliche Genres.

WIE SOLL DEINE WELT AUSSEHEN?

Einer der ersten und wichtigsten Schritte bei der Konzeption deiner Spielidee ist die Frage, ob und wie sie sich in eine größere Welt einfügt. Der Begriff „Welt" bezieht sich dabei nicht auf die Erde, auf der wir leben, sondern auf ein groß angelegtes Szenario. So spielen Star Wars, Harry Potter und Pokémon alle in unterschiedlichen „Welten", die du womöglich gut kennst. Die Erschaffer dieser Welten haben großen Aufwand betrieben, um diese Szenarien mit Leben zu füllen: mit verschiedenen Orten, jeder Menge Charakteren und aufschlussreichen Hintergrundgeschichten.

Dein simples Roblox-Game wird mit Sicherheit nicht der nächste Harry Potter werden – doch du solltest alles daran setzen, eine wirklich coole und vielschichtige Spielwelt zu erschaffen, in die der Spieler eintauchen kann.

EINE WELT ERSCHAFFEN

Egal, ob du ein einziges großes Roblox-Game oder mehrere kleinere Spiele entwickeln möchtest – du solltest stets im Hinterkopf behalten, wie alles miteinander verknüpft ist. Entscheidend für gutes Spieldesign ist die Herangehensweise an die Inhalte mit den Augen eines Spielers. Hat deine Welt ein übergreifendes Thema wie ein mittelalterliches Königreich oder einen fernen Planeten? Was würde dich an deiner Welt interessieren und dich zum Spielen bewegen? Die dabei entstehende Fülle an Informationen solltest du am besten aufschreiben oder in Form eines Storyboards grafisch zu Papier bringen, um später darauf zurückgreifen zu können.

> **DER ERSTE EINDRUCK ZÄHLT**
>
> **Wie in einem guten Buch oder einem gelungenen Film entscheidet die erste Szene darüber, wie der Spieler deine Welt empfindet und ob er bereit ist, weitere Zeit zu investieren.**

Wenn du dich an die Gestaltung deiner Welt machst, solltest du folgende Aspekte berücksichtigen:

- Wie sieht die Geografie deines Planeten aus?
- Wie sehen die Einwohner dieser Welt aus?
- Was machen die Einwohner den ganzen Tag?

Wenn du eine vollständig durchdachte Welt konzipierst, kannst du diese als Plattform für verschiedene Spiele nutzen. So kannst du ein Rennspiel, ein Obby oder auch ein Action-Game in ein und derselben Welt ansiedeln und somit thematisch miteinander verknüpfen.

DIE GRÖSSE DER SPIELWELT

Für die Größe der Welt gibt es zwei Herangehensweisen:

1. Du kannst mit einer kleinen Spielwelt beginnen und sie nach und nach zu etwas Größerem machen.

2. Du kannst mit einer großen Spielwelt beginnen und diese Schritt für Schritt mit Leben füllen.

Welche der zwei Varianten du bevorzugst, ist allein von deinem persönlichen Geschmack abhängig.

ZEIT SPAREN MIT WIEDERVERWERTUNG

Als Game-Designer solltest du stets nach Mitteln und Wegen suchen, dein Leben leichter zu gestalten. Beispiele:

- Wiederhole keine Arbeit, die bereits getan ist – nutze Copy & Paste, wo immer es geht!
- Investiere nicht zu viel Zeit in kleine Details (beispielsweise die Farbgebung eines Objekts), bevor es sich überhaupt in der Spielwelt befindet.

Wenn du beispielsweise einen ganzen Nachmittag damit zugebracht hast, ein brandneues Haus-Modell zu gestalten, solltest du keinesfalls das nächste Haus auf dieselbe Weise kreieren. Nimm einfach das vorhandene Haus und verändere Formen, Farben und Materialien, um es in kurzer Zeit zu einem komplett anders aussehenden Objekt zu machen.

In Kapitel 13 lernst du noch viele weitere Tipps und Tricks zum Zeitsparen kennen.

MACH DEINE FANTASIEWELT ZU EINER ROBLOX-WELT

Nun ist es an der Zeit, all deine brillanten Ideen im Computer zum Leben zu erwecken. Öffne dazu Roblox Studio und mach dich startbereit.

Nach dem Öffnen von Roblox Studio bekommst du vielerlei Vorlagen präsentiert. Um deine eigene Welt von Grund auf neu zu gestalten, wählst du am besten die Vorlagen „Baseplate" oder „Flat Terrain".

GAMES VS. PLACES

Die Vorlagen sind ein guter Startpunkt für all deine Projekte. Wichtig: Wenn du an einem Spiel arbeitest und die Gegend mit Objekten versehen hast, wird diese als „Place" („Ort") bezeichnet. Wenn du auf der Startseite von Roblox Studio auf „My Games" klickst, siehst du Vorlagen mit deinem Benutzernamen und dem Anhang „Place". Dabei handelt es sich um deinen persönlichen Aufenthaltsort im Roblox-Universum, den du nach Belieben zu einer ganzen Welt ausbauen kannst, ohne auch nur ein einziges spielerisches Element hinzuzufügen. So kannst du dein eigenes Haus oder eine ganze Stadt bauen und dort in entspannter Atmosphäre mit deinen Freunden herumhängen.

Roblox Corporation
DIE UNBERÜHRTE VORLAGE „FLAT TERRAIN" IN ROBLOX STUDIO

Lass uns nun etwas gestalten. In diesem Bild siehst du die noch unberührte Vorlage „Flat Terrain". Im Fenster ganz oben siehst du viele Optionen, die in verschiedene Bereiche unterteilt sind. Eine flache, dunkelgrüne Ebene ist überaus langweilig, sodass du nun ein paar geografische Elemente hinzufügen solltest. Klicke unter „Terrain" auf „Editor" und nutze die vielfältigen Optionen wie „Generate", „Add" oder „Substract", um die Landschaft nach deinen Vorstellungen zu gestalten. Mehr zu diesem kreativen Thema findest du in Kapitel 3 ab Seite 76.

DEINE WELT MIT LEBEN ERFÜLLEN

Besinne dich nun auf deine grundlegende Spielidee. Ich persönlich mag Fantasy-Welten, sodass ich dieses Thema als Beispiel nutze. Nachdem du eine schöne Landschaft mit Hügeln, Bergen, Flüssen und Seen gestaltet hast, errichtest du ein Märchenschloss. Dazu aktivierst du im „Home"-

Menü die Toolbox und gibst „Castle“ in das Suchfeld ein. Klicke eines der Modelle an, sodass es in der Landschaft erscheint. Platziere es in der Nähe eines Flusses, sodass es durch eine Zugbrücke vor Feinden geschützt ist.

Roblox Corporation
EIN STATTLICHES SCHLOSS MIT ZUGBRÜCKE IN ROBLOX STUDIO

Details wie die Heldenstatue auf dem Hügel und die Wasserspeier über dem Haupttor lassen die Szenerie lebendiger und damit viel interessanter wirken. Nun wirkt die Szene nicht mehr wie ein vorgefertigtes Modell, das in die Spielwelt geklatscht wurde, sondern wie ein lebendiger Bestandteil einer viel größeren Welt. Das ist die Essenz des Weltenbauens. Achte immer auf die Details, denn sie sind selbst für ein kleines Spiel von großer Bedeutung, das über keine groß angelegte Hintergrundgeschichte verfügt.

Mit folgenden Elementen erweiterst du deine Spielwelt um einige interessante Aspekte:

- Treibe eine Höhle in einen großen Berg und verstecke dort einen Schatz, den Abenteurer finden können.
- Belebe dein Königreich mit Quests und Non-Player-Charakteren (sogenannte „NPCs", mehr dazu in den folgenden Kapiteln dieses Buchs).
- Errichte Häuser um das Schloss herum, sodass ein kleines Dorf entsteht.

Auf diese Weise wird deine eigene Spielwelt nach und nach immer lebendiger!

* * *

Nun, da du mit der Erschaffung deiner eigenen Welt angefangen hast, ist es an der Zeit, sie mit weiteren Objekten zu füllen. Im nächsten Kapitel lernst du deshalb, wie du eigene Modelle gestaltest und vorhandene Objekte aus der Toolbox veränderst.

KAPITEL 6

OBJEKTE BAUEN

STOP

Schwirrt dir der Kopf von all den Ideen, mit denen du deine Welt in Roblox zum Leben erwecken möchtest? Wenn nicht, musst du übermenschlich sein! Die Realisierung von Ideen in einem digitalen Umfeld wie Roblox ist nicht leicht. Es brauch viel Kreativität, harte Arbeit und gestalterisches Können, um eine Welt zu erschaffen, die das Interesse der Spieler weckt.

Doch egal wie interessant deine Welt ist – ohne Interaktion kommt schnell Langeweile auf. Dazu gehören Personen zum Unterhalten, Gegner zum Bekämpfen und Hindernisse zum Ausweichen. Hier kommen die Objekte ins Spiel. In diesem Kapitel lernst du unter anderem:

- wie du Objekte aus der Toolbox änderst,
- was es mit den Objekttypen auf sich hat,
- wie Objekte in Roblox aufgebaut sind,
- wie du deine eigenen Objekte speicherst und verwendest.

DAS MACHT DIE TOOLBOX VON ROBLOX STUDIO SO GROSSARTIG

Roblox Studio ist mit Buttons und Menüs übersät. Um die Sache für den Einstieg leichter zu machen, konzentriere dich erst einmal auf die Toolbox.

Roblox Corporation
BETRACHTEN EINES AUTOS AUS DER TOOLBOX VON ROBLOX STUDIO.

Die Toolbox ist voll mit Vorlagen und vorgefertigten Objekten, die du gratis in deinen Games nutzen kannst. Hier einige Beispiele:

- Du brauchst einen fahrbaren Untersatz? Dann gib „car" in die Toolbox ein und such dir ein Auto aus.
- Ein Drache soll eine Engstelle in deinem Obby bewachen? Einfach nach „dragon" suchen!
- Du möchtest eine Metropole errichten? Die passenden Gebäude findest du, indem du Suchbegriffe wie

„office building" oder „skyscraper" in die Suchleiste der Toolbox eingibst.

Das Beste an der Toolbox ist die Möglichkeit, das Aussehen der Items anzupassen. Sobald du ein Objekt in deinem Game platziert hast, kannst du es frei verändern, z.B. die Farbe, das Material und vieles mehr. Fakt ist: Du *willst* die Objekte anpassen, wenn du dein Spiel auf Roblox veröffentlichen möchtest. Verwendest du nur unmodifizierte Objekte aus der Toolbox, wird für jeden Spieler ersichtlich, dass du dir keine große Mühe gegeben hast, und potenzielle Empfehlungen für dein Game werden ausbleiben.

VERSCHIEDENE OBJEKTTYPEN

Roblox bietet Hunderte Objekte, zum Beispiel:

- Tiere inklusive Drachen, Bären, Kängurus und Schlangen
- Vehikel wie Autos, LKWs, Flugzeuge und Helikopter
- Militärische Objekte, darunter Bunker, Soldaten und Panzer
- Fantasy-Objekte wie Ritter, Burgen und Zauberer
- Gruselige Dinge wie Geister, Zombies und Monster
- Gebäude für eine Stadt, beispielsweise Häuser, Schulen und Banken

- Innenausstattung für die Gestaltung von Gebäuden wie Möbel, Fernseher und Elektrogeräte
- Waffen für den Kampf, darunter Schwerter, Gewehre und Raketenwerfer
- Nicht kategorisierbare Items wie Clowns, Fidget Spinner und Gemälde

Der Begriff „Objekte" kann auf viele Dinge in Roblox Studio angewendet werden, doch in diesem Kapitel geht es um Items, die du aus Blöcken und Bauteilen zusammensetzt.

WIE SIND OBJEKTE ZUSAMMENGESETZT?

Alle Modelle in Roblox bestehen aus denselben Grundbausteinen wie Blöcken, Zylindern, Kugeln und Scheiben. Du musst sehr kreativ sein, um diese geometrischen Formen zu etwas Größerem zusammenzufügen. Fertige Objekte aus der Toolbox lassen auf den ersten Blick nicht vermuten, dass sie aus solchen Bausteinen bestehen.

EIGENE OBJEKTE GESTALTEN

Beim Aufbauen deiner Spielwelt kann es vorkommen, dass du in der Toolbox nicht das passende Objekt findest. In diesem Fall bleibt dir nichts anderes übrig, als das gewünschte Modell von Grund auf selbst zu gestalten.

MODELLE

Ich habe den Begriff „Objekte" für Vorlagen aus der Toolbox verwendet, doch du wirst oft auf den Begriff „Modelle" stoßen. Modelle sind wie Sammlungen von Einzelteilen, die zusammengefügt und auf die Roblox-Site hochgeladen wurden. Somit kann ein Auto, ein Haus oder ein Soldat aus der Toolbox sowohl als „Objekt" als auch als „Modell" bezeichnet werden. Ein einzelner Ziegelstein ist ein Objekt, und auch eine Mauer aus mehreren Ziegelsteinen gilt als Objekt. Sobald du allerdings deine Kreation zur Weiterverwendung in die Toolbox gestellt hast, wird sie gemeinhin als „Modell" bezeichnet.

Angenommen, du baust eine ganz normale Stadt aus Häusern, Straßen, Autos und allen anderen Dingen, die man in einer Stadt so findet. Das Innere der Häuser sollte mit Möbeln wie Sofas, Tischen oder Stühlen ausgestattet sein. Lass uns für dieses Beispiel annehmen, dass die Toolbox keinen Holztisch enthält (solche Möbel findest du dort sehr wohl, doch du sollst ja im Folgenden lernen, wie du ein eigenes Modell baust).

EINEN EINFACHEN TISCH BAUEN

Bei Tischen fange ich für gewöhnlich mit den Beinen an.

Mit einem einzelnen Block beginnen

Gehe ins „Model"-Menü von Roblox Studio und klicke auf das Icon „Parts". Nun erscheint ein Ausklappmenü, in dem du auf die Option „Block" klickst. Nun erscheint ein Objekt auf dem Boden, das an einen großen LEGO-Stein erinnert.

Roblox Corporation
DER URSPRUNG EINES JEDEN OBJEKTS IN ROBLOX

Nun musst du eine Menge Änderungen durchführen: Der Block entspricht weder in punkto Größe noch Farbe oder Material den Anforderungen. Dieses Ding sieht schlicht überhaupt nicht nach einem Tischbein aus! Deshalb änderst du nun zuerst Farbe und Material.

Das Material und die Farbe ändern

Klicke auf den Block und im „Home"-Menü auf „Material". Im Ausklappmenü entscheidest du dich für „Wood" („Holz"). Schon ändert sich die Oberfläche deines Blocks.

Anschließend öffnest du das Ausklappmenü „Color" und wählst einen dunklen Braunton als Farbe. In diesem Beispiel habe ich die Farbe „Rust" („Rost") verwendet.

Die Oberfläche anpassen

Der Block verfügt immer noch über die Noppen eines LEGO-Steins. Um diese zu entfernen, wähle im „Model"-Menü im Bereich „Parts" die Option „Surface" und entscheide dich für die Variante „Smooth". Mit einem Klick auf die Oberseite des Blocks wendest du den Weichzeichner an.

Roblox Corporation
DER START-BLOCK NACH DER BEARBEITUNG IM HOLZ-DESIGN

Nun sieht der Block so aus wie ein Holzbrett und du kannst ihm die Form eines Tischbeins verleihen.

Die Höhe ändern

Wechsle zum „Model"-Menü und klicke im Bereich „Tool" ganz links auf das Icon „Scale". Nun erscheinen bunte Kugeln in Grün, Blau und Rot um den ausgewählten Block herum. Jede Kugel steht für eine bestimmte Richtung, in die du den Blick ausdehnen oder komprimieren kannst. Ziehe zunächst die grüne Kugel nach oben, um den Block höher zu machen, bis du die Höhe eines handelsüblichen Holztischs erreicht hast.

Die Breite anpassen

Klicke nun auf die rote Kugel und schiebe diese in Richtung der zweiten roten Kugel, um den Block dünner zu machen. Wiederhole diesen Vorgang mit einer der blauen Kugeln, bis du einen relativ dünnen, in die Höhe gezogenen Block vor dir siehst, der schon sehr an ein Tischbein erinnert. Die meisten Tischbeine sind jedoch noch dünner, sodass du nachfolgend weitere Anpassungen vornimmst.

Aktiviere den Block per Mausklick und orientiere dich am rechten Rand des Programmfensters. Hier solltest du zwei Paletten sehen, wovon die untere die Bezeichnung „Properties - Part" trägt. Scrolle nach unten, bis du das fettgedruckte Wort „Part" erkennst. Ist dieser Bereich durch den Pfeil nach unten geöffnet, kannst du die Sektion „Size" aufklappen, indem du auf den Pfeil nach links klickst. Nun siehst du eine Liste mit den Einträgen „X", „Y" und „Z". Wenn du im Matheunterricht je mit Koordinatensystemen gearbeitet hast, weißt du, worum es sich handelt. Die Werte hinter X, Y und Z sind nichts anderes als Koordinaten innerhalb eines Graphen.

Der Wert X beschreibt den Abstand zwischen den roten Kugeln, der Wert Y steht für den Abstand zwischen den grünen Kugeln und Z gibt den Abstand zwischen den grünen Kugeln an. Die Höhe Y sollte bereits zwischen 2 und 4 betragen und muss deshalb nicht mehr angepasst werden. Allerdings solltest du die X- und Z-Werte auf 0.5 reduzieren und die Änderungen mit der Eingabetaste bestätigen. Nun ist das Tischbein dünn genug.

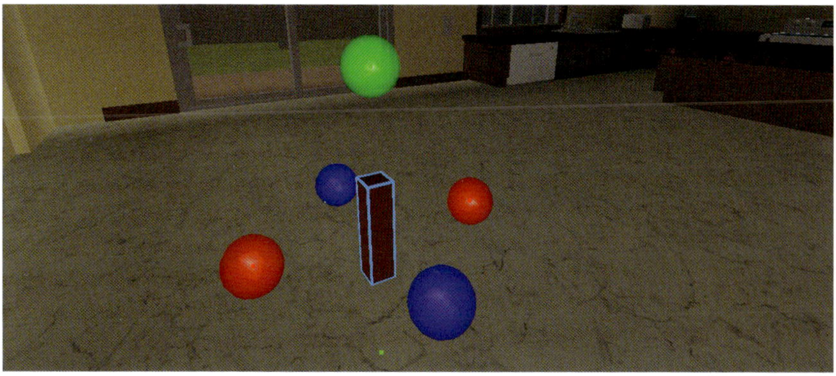

Roblox Corporation
EIN HOHES UND DÜNNES TISCHBEIN IN ROBLOX STUDIO

Das Tischbein kopieren

Wir brauchen noch drei weitere Tischbeine, möchten uns aber die ganze Arbeit nicht noch einmal machen. Stattdessen kopieren wir das vorhandene Bein und fügen es drei Mal ein. Aktiviere das Tischbein und wähle im „Home"-Menü links die Option „Copy" (oder verwende die Tastenkombination Strg+C auf dem PC). Anschließend drückst du drei Mal auf „Paste" (Strg+V auf deiner Tastatur), um drei Kopien des ausgewählten Objekts zu erzeugen. Am Ende ordnest du die Tischbeine so an, dass sie parallel zueinander stehen und genug Platz für die Aufnahme einer Tischplatte bieten.

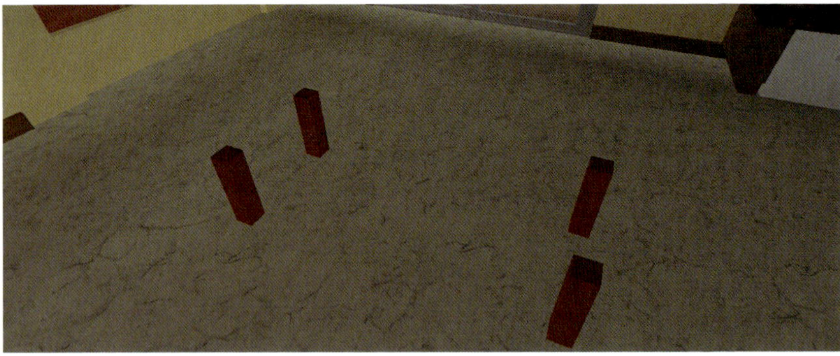

Roblox Corporation
VIER TISCHBEINE WARTEN AUF DIE PLATTE

Die Tischplatte hinzufügen

Wir sind fast fertig! Fehlt nur noch die Platte für unseren selbst gemachten Tisch.

Füge ein fünftes Tischbein ein und platziere es an der Oberseite eines vorhandenen Tischbeins. Ich habe für das Beispiel das untere linke Bein gewählt.

Setze den Y-Wert des neuen Objekts auf 0.5, damit die Tischplatte dünn genug wird. Um das Objekt exakt an den Tischbeinen auszurichten, solltest du im „Model"-Menü den Bereich „Snap to Grid" lokalisieren und per Mausklick das Häkchen neben „Move" entfernen. Nun kannst du das Objekt völlig frei bewegen, ohne dass es einrastet. Bist du damit fertig, schalte die Option „Move" wieder ein.

Nach der Ausrichtung ziehst du die Tischplatte mit den blauen und roten Kugeln auseinander, sodass sie mit den Tischbeinen abschließt. Nun solltest du einen schlichten, aber schicken Tisch für ein modernes Zuhause sehen!

Dekoration hinzufügen

Schnapp dir nun eine Blumenvase aus der Toolbox und stelle diese auf den Tisch.

Roblox Corporation
DER FERTIGE KÜCHENTISCH IN ROBLOX STUDIO

Wie bei allen kreativen Prozessen wirst du auch bei der Gestaltung von Modellen in Roblox Studio mit zunehmender Erfahrung immer schneller und besser.

MODELLE IN DREI SCHRITTEN AUF ROBLOX HOCHLADEN

Dein Tisch ist vollendet! Er sieht großartig aus, existiert aber nur in deinem Spiel. Solltest du den Tisch in einem anderen Spiel brauchen, kannst du dir viel Zeit und Mühe sparen, indem du ihn auf die Roblox-Site hochlädst und ihn fortan aus der Toolbox ziehst. Und das geht so:

SCHRITT 1: OBJEKTE GRUPPIEREN

Zunächst wählst du alle Bestandteile deines Modells gemeinsam aus, indem du bei gedrückter Maustaste einen Rahmen darum herum aufziehst. Danach klickst du im „Home"-Menü unter „Edit" auf „Group", um die Objekte zu einer Gruppe zusammenzufassen. Du kannst die Gruppe beliebig verschieben – alle Elemente bleiben zusammen.

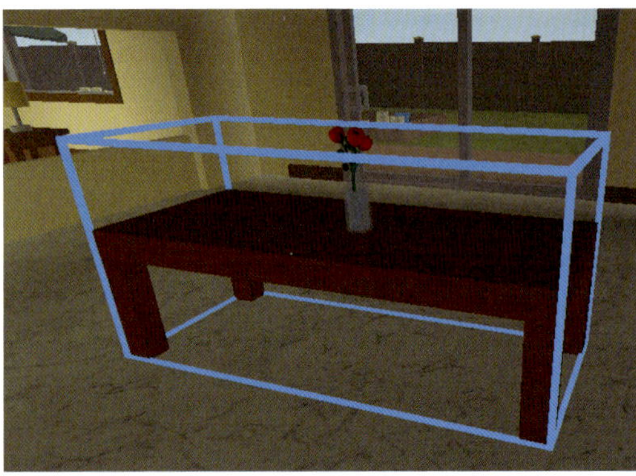

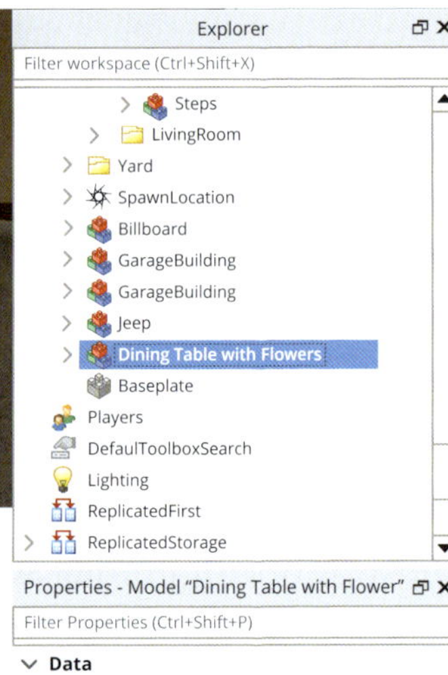

Roblox Corporation
ALLE BESTANDTEILE DES MODELLS IN ROBLOX STUDIO AUSGEWÄHLT

SCHRITT 2: BEZEICHNUNG

Um den Tisch samt Blumenvase in Roblox zu speichern, wähle die Gruppe zunächst mit „Select" aus. Im Explorer-Panel rechts oben sollte nun der Eintrag „Model" blau hinterlegt sein. Klicke in diesen blauen Bereich, um deinem Modell einen Namen zu verleihen. Ich habe das Modell in „Dining Table with Flowers" (Esstisch mit Blumen) umbenannt, wie du im Bild oben sehen kannst.

SCHRITT 3: SPEICHERN!

Klicke nun mit der rechten Maustaste auf den neuen Namen und wähle aus dem Kontextmenü die Option „Save to Roblox". Dadurch wird dein Tisch permanent als fester Bestandteil des Roblox-Systems gespeichert! Soll das Modell nicht öffentlich zugänglich sein, wähle stattdessen die Variante „Save to File".

Nun erscheint ein Dialog, in dem du auf die gekreuzten Schraubenschlüssel („Create New") klickst. Daraufhin erscheint das Fenster „Basic Settings", in das du Details wie Name, Beschreibung und Genre eingeben kannst. Ich habe das Genre „Building" ausgewählt, da ich diesen Tisch für die Gestaltung von Gebäuden brauche.

Nach einem finalen Klick auf „Finish" wird dein Tisch hochgeladen und steht nun dir selbst sowie deinen Freunden und jedem anderen Roblox-User zur Verfügung.

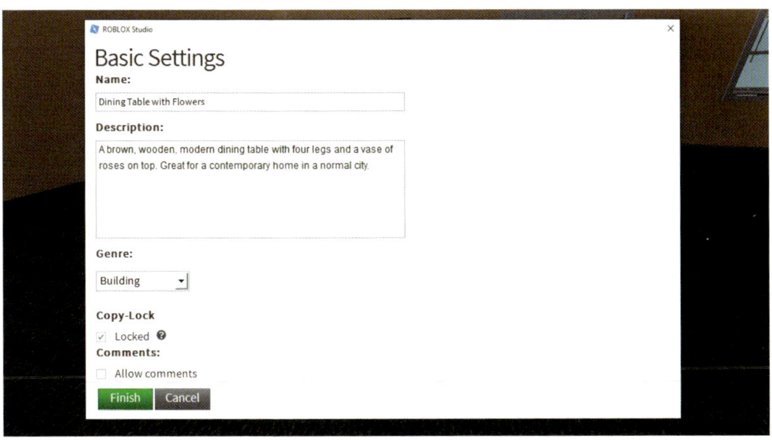

Roblox Corporation
DER DIALOG ZUM SPEICHERN VON MODELLEN IN ROBLOX STUDIO

ÜBUNG MACHT DEN MEISTER

Mit dieser grundlegenden Vorgehensweise kannst du jede Art von Modell erstellen. Du kannst:

- die Teile eines Objekts verschieben,
- Material und Farbe eines Objekts anpassen,
- die Größe eines Objekts ändern,
- einzelne Teile zu einem Ganzen zusammenfügen.

Bei deinem nächsten Modell solltest du statt des Blocks eine Kugel, Scheibe oder einen Zylinder als Ausgangsbasis verwenden. Eigene Modelle machen deine Spiele einzigartig, sodass du stets fleißig üben solltest!

EIGENE STÜHLE GESTALTEN

Lass uns nun zur Übung ein paar Stühle bauen.

Das Grundelement auswählen

Da wir mit dem Tisch ja bereits über ein Modell im passenden Material verfügen, verwenden wir diesen als Basis für unsere Stühle. Wähle den Tisch aus und löse die Gruppe mit „Group->Ungroup“ aus dem „Model“-Menü auf. Nun kannst du die Einzelteile des Modells separat auswählen.

Kopiere eines der Beine, füge es ein und bewege es zur Seite, wo sich der Stuhl befinden soll.

Die Größe ändern

Wähle das gerade kopierte Tischbein aus und navigiere in der Palette „Properties" zu „Part", um erneut den Abschnitt „Size" zu öffnen. Für sehr dünne Stuhlbeine setzt du den X- und Z-Wert auf 0.25. Wenn du gerade dabei bist, kannst du auch gleich den Y-Wert auf 1 herabsetzen, damit der Stuhl unter den Tisch passt.

Per Copy & Paste generierst du drei weitere Stuhlbeine und ordnest diese in einem gedachten Quadrat an.

Die Sitzfläche erstellen

Nun kopierst du die Tischplatte und fügst sie als Sitzfläche für deinen Stuhl ein. Verschiebe diese über die vier Stuhlbeine und passe die X-, Y- und Z-Werte entsprechend an, damit die Sitzfläche die passende Größe erhält. Dann verschiebst du das Objekt exakt über die vier Beine.

Die Stuhllehne konstruieren

Fehlt nur noch die Stuhllehne. Dupliziere die Sitzfläche und passe die Größenwerte so an, dass die Lehne nach oben weist und entsprechend dünn ausfällt. Positioniere die Lehne an der Rückseite der Sitzfläche.

Du kannst auch ein weiteres flaches Objekt oberhalb der Sitzfläche einfügen und dieses blau einfärben sowie ein Gewebe („Fabric") als Material auswählen – fertig ist das Sitzkissen! Für das Beispiel habe ich die Stühle fünf Mal kopiert und rund um den Tisch angeordnet.

Roblox Corporation
EIN TISCH MIT HOLZSTÜHLEN IN EINEM VIRTUELLEN ESSZIMMER.

* * *

Nun kannst du in Roblox deine eigenen Modelle bauen. Du kannst Stunden, Tage oder gar Wochen damit zubringen, coole Modelle zu erschaffen und diese auf die Roblox-Server hochzuladen, damit sie von anderen Usern verwendet werden können.

KAPITEL 7

BAUEN FÜR FORT-GESCHRITTENE

STOP

Nun, da du bewandert bist im Weltenbauen und im Gestalten von Modellen für ein Spiel, können wir uns den komplexeren Dingen im Spieldesign mit Roblox zuwenden. Damit kannst du den Schritt von einem simplen Spielchen zu einer bemerkenswerten Game-Produktion bewältigen. In diesem Kapitel lernst du Folgendes:

- Das Gestalten einer Welt mit eigenen Modellen, darunter auch Autos und fliegende Inseln im Himmel
- Das Erweitern des Konzepts deines ersten Spiels aus Kapitel 4
- Das Entwickeln eines brandneuen zweiten Spiels, in dem du all deine bislang erlernten Fähigkeiten einsetzt

FORTGESCHRITTENE GESTALTUNGSTECHNIKEN VERSTEHEN

Stell dir vor, dass du beim Lesen dieses Buchs wie in einem Videospiel eine ganze Reihe von Quests erledigt hast. Nun bist du stark genug und hast die nötigen Erfahrungspunkte gesammelt, um ein wahrhaft episches Abenteuer in Angriff zu nehmen.

Du kannst Roblox Studio wie einen digitalen LEGO-Simulator verwenden und die ganze Zeit nur Modelle bauen, doch dann nutzt du nur einen Bruchteil seiner Macht. Nun lotest du die Grenzen der Plattform aus und stellst wahrhaft atemberaubende Projekte auf die Beine!

WELTEN KOMPLETT NEU ERSCHAFFEN

In den vorangegangenen Kapiteln haben wir hauptsächlich mit bereits vorhandenen Vorlagen gearbeitet. Deshalb wird jeder, der ein wenig Zeit mit Roblox verbracht hat, diese vorgefertigten Elemente erkennen – und genau das wollen wir verhindern. Du willst dein Game zu deinem eigenen machen. Deshalb gestaltest du nun etwas Einzigartiges von Grund auf neu.

Wie wäre es mit einer exklusiven Welt mit schwebenden Inseln über rotglühenden Lavaseen? Lass uns dieses ganz besondere Projekt in Angriff nehmen!

EINEN LAVASEE ERSCHAFFEN

Öffne Roblox Studio und wähle die Vorlage „Flat Terrain“ als Grundlage für deine eigene Welt. Nun siehst du eine grüne Ebene, auf der du arbeiten kannst.

Öffne nun im „Home“-Menü den Terrain-Editor und wähle „Generate“. Unter „Biome“ aktivierst du die gewünschten Landschaftformen wie „Mountains“, „Hills“, „Canyons“ etc. und klickst auf „Generate“.

Die neu erstellte Welt passen wir nun unseren Vorstellungen an. Erzeuge mit der „Erode“-Funktion im Zentrum der Karte einen tiefen Talkessel. Dieser wird zu deinem Lava-See werden – du musst ihn nur noch mit glühend heißer Lava auffüllen!

Roblox Corporation

EIN FURCHTERREGENDER SEE AUS LAVA!

Sicherlich kommt dir für die Gestaltung des Lavasees das „Add"-Tool in den Sinn, doch für unser Vorhaben ist es nicht geeignet. Wenn du per „Add" das Material „Cracked Lava" hinzufügst, würdest du riesige Lavablasen erzeugen, die wirklich seltsam aussehen. Die „Add"-Funktion eignet sich gut für Berge und Hügel, jedoch nicht zum Dekorieren von Arealen, die flach bleiben sollen.

Stattdessen verwendest du die Funktion „Paint". Mit dieser bemalst du lediglich die Oberfläche des Kraters, statt Material aufzubauen. Stell dir die Funktion ähnlich wie einen Airbrush in der Realität vor.

Gestalte den Lavasee so groß, wie du möchtest – du kannst dich auch an meinem Beispielbild orientieren. Die Ränder des Sees versiehst du mit passenden Landschaftsformen nach eigenem Geschmack. Ein hoher Berg mit einem tiefen, lavagefüllten Krater macht einen sehr guten Eindruck, da er an einen Vulkan erinnert.

SCHWEBENDE INSELN GESTALTEN

Nun da der Lavasee vollendet ist, kannst du dich an den Aufbau der schwebenden Inseln machen. Eine solche Szenerie wird die meisten Roblox-User begeistern, da sie so etwas noch nicht auf der Plattform gesehen haben. Zum Glück lassen sich solche Inseln sehr leicht gestalten!

Du hast die Wahl zwischen zwei unterschiedlichen Herangehensweisen in Roblox Studio:

1. Erschaffe einen riesigen Berg auf dem flachen Grund und trage dann die Unterseite ab.
2. Lass die Inseln von der Seite in Richtung Lavasee wachsen, bis sie direkt darüber schweben.

Leider bietet Studio keine „Schwebende Insel"-Funktion, sodass du selbst Hand anlegen musst!

Einen hohen Berg erschaffen

Die erste Variante mit dem hohen Berg ist recht simpel:

- Aktiviere die Funktion „Add".
- Wähle ein passendes Material aus.
- Klicke mit der linken Maustaste auf den Boden.
- Ziehe die Maus nach oben, bis sich eine hohe und schlanke Säule gen Himmel reckt.

Ganz oben fügst du an den Rändern noch ein wenig Material hinzu, damit der Eindruck einer Insel entsteht – die jedoch durch die Säule noch immer mit dem Grund verbunden ist.

Wähle nun im Terrain-Editor die Funktion „Substract", um die Säule zu entfernen. Das vollständige Entfernen aller Elemente kann knifflig sein, weshalb ich die Verwendung der „Smooth"-Funktion empfehle, um harte Kanten zu glätten. Ein sauberer und natürlicher Look ist entscheidend, damit die Elemente nicht hastig „hingeklatscht" wirken.

Roblox Corporation
DIE SCHWEBENDE INSEL IN IHREM ENTSTEHUNGSPROZESS

Landschaftsblöcke hinzufügen

Die zweite Variante setzt auf das Feature „Add" im Terrain-Editor und das „Malen" in der Luft. Aufgrund des Gitterrasters kannst du allerdings kein Material in der Luft platzieren. Allerdings kannst du Landschaftsteile an den unsichtbaren Wänden an der Grenze der Welt in beliebiger Höhe einfügen und diese dann nach innen hin erweitern.

Sobald du die Position über dem Lavasee erreicht hast, schmücke die Insel entsprechend aus und entferne dann die Verbindungsstücke zum Rand der Spielwelt. Zeichne die Kanten per „Smooth" weich, um das Ergebnis noch schöner und natürlicher wirken zu lassen.

Roblox Corporation
EINE ALTERNATIVE HERANGEHENSWEISE FÜR SCHWEBENDE INSELN

Fertig!

Egal, für welche Herangehensweise du dich entscheidest: Am Ende steht eine über der Lava schwebende Insel.

Roblox Corporation
DIE FERTIGEN SCHWEBENDEN INSELN ÜBER DEM LAVASEE

DIE WELT ZUSAMMENFÜGEN

Nun hast du eine faszinierende schwebende Insel über einem bedrohlichen Lavasee. Das eröffnet so viele Möglichkeiten für dieses Game! Wenn du die Idee weiterspinnen möchtest, solltest du Folgendes ausprobieren:

Weitere Inseln einfügen

Warum sollte eine Welt wie diese nur über *eine* schwebende Insel verfügen? Du kannst noch viele weitere, unterschiedliche Inseln hinzufügen!

Obby-Parcours zwischen schwebenden Inseln

Wenn du mehrere Inseln einbaust, solltest du den Spielern ermöglichen, diese zu erreichen. Dazu kannst du einen Obby-Parcours wie den aus Kapitel 4 einbauen. Die Spiele müssen über Plattformen in schwindelerregender Höhe springen, um zu den Inseln zu gelangen – ein Riesenspaß!

Eine Story für jede Insel entwickeln

Bestücke jede Insel mit Charakteren, die eine Geschichte darüber erzählen – das bringt mehr Leben ins Spiel. Wie wäre es mit Quests, um zu den anderen Inseln zu gelangen?

Nicht vergessen: Lava ist heiß!

Nur weil die Lava wie Lava aussieht, kann Roblox nicht wissen, dass sie heiß ist und den Spieler verletzen kann. Fällt der Spieler in die Lava, sollte er schweren Schaden nehmen – mehr darüber erfährst du in den nächsten Kapiteln zum Thema „Scripting".

KOMPLEXE MODELLE GESTALTEN

Ich wette, dass du nun bereit bist für etwas Größeres und Komplexeres. Einfache Objekte wie Tische und Stühle sind nett und auch schwebende Inseln sind okay. Doch das ist lediglich der Anfang – nun wird es richtig interessant.

Wie wäre es mit einem funktionsfähigen Auto? Autos sind wesentlich komplizierter, da sie über Achsen für sich drehende Räder und einen Sitz für den Spieler verfügen müssen. Doch es lohnt sich: Das Auto kann als Basis für unser zweites Projekt dienen – ein waschechtes Rennspiel!

DEIN EIGENES AUTO BAUEN

Dein erstes Auto wird so einfach wie möglich aufgebaut sein. Es wird zwar wie ein LEGO-Modell aussehen, doch das ist vollkommen okay! Anhand des simplen Modells kannst du die Grundlagen für den Bau fortgeschrittener und komplexer Objekte in Roblox Studio relativ schnell und einfach erlernen.

Ein Block als Basis

Zunächst entscheidest du dich für die Vorlage „Racing". Öffne das „Model"-Menü und klicke auf das Icon „Parts", sodass sich das Ausklappmenü öffnet. Wähle die Option „Block" aus der Liste, woraufhin ein kleiner Quader auf dem Boden erscheint.

Block vergrößern

Sobald du den Block abgelegt hast, aktivierst du die Option „Scale" aus dem „Model"-Menü und ziehst den Block mit den roten und blauen Kugeln auseinander. Anschließend passt du die Höhe der Karosserie an, indem du die grüne Kugel ein wenig nach oben ziehst.

Roblox Corporation
DAS WIRD BESTIMMT EIN SEHR HÄSSLICHES AUTO.

Ein Rad bauen

Nun ist es an der Zeit, deinem Auto vier Räder zu spendieren! Im „Part"-Menü gibt es keine Räder-Formen, sodass du ein wenig Kreativität an den Tag legen musst. Wenn du darüber nachdenkst: Sind Räder nichts anderes als dünne

Zylinder? Wenn du einen Zylinder in Scheiben schneiden würdest, hättest du mehrere Räder.

Deshalb schnappst du dir die Funktion „Cylinder" aus dem „Part"-Menü und verdichtest die Form per „Scale" durch Verschieben der roten und grünen Kreise zu einer dünnen Scheibe. Probiere so lange mit der Skalierung herum, bis das Rad deinen Vorstellungen entspricht. Der Einfachheit halber fertigen wir große Räder im Stil eines „Bigfoot"-Trucks an. Zunächst genügt aber nur ein Rad.

Das Rad mit der Karosserie verbinden

Nun muss das fertige Rad irgendwie an die Karosserie geflanscht werden – dafür bietet Roblox eine praktische Funktion. Im „Model"-Menü unter „Parts" findest du den Button „Surface". Aus diesem wählst du die Option „Hinge" („Gelenk", „Scharnier"). Klicke nun mit dem Cursor auf die Seite des Rads, das dem Fahrzeug zugewandt sein soll. Voilà – du hast eine kleine Achse angebracht.

Mit dem Rotate-Werkzeug aus dem „Tools"-Menü drehst du das Rad mit der Achse in Richtung Karosserie und verschiebst es so lange, bis neben dem Cursor das Wort „Join" (Verbinden) erscheint.

Drei weitere Räder kopieren und einfügen

Nun brauchst du noch drei weitere Räder, die du einfach per Kopieren und Einfügen duplizierst und am Fahrzeug ausrichtest. Sind alle Elemente miteinander verbunden, solltest du der Karosserie noch ein wenig Bodenfreiheit gönnen. Am besten gelingt dies mit der Funktion „Move", indem du den grünen Pfeil ein wenig nach oben ziehst.

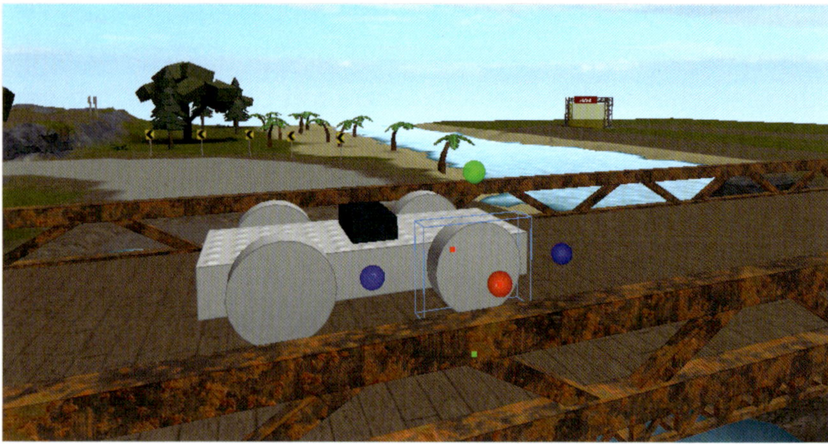

Roblox Corporation

DIESES SEHR SIMPLE AUTO KANN SCHON BALD LOSFAHREN.

Einen Sitz hinzufügen

Zu guter Letzt verpassen wir unserem Auto noch einen Fahrersitz. Dafür bietet dir Roblox sogar eine Vorlage. Wähle die Karosserie aus und klicke im „Model"-Menü ganz rechts auf das Icon „Advanced Objects". Nun erscheint eine neue Palette am linken Bildrand. Scrolle in der Liste so weit nach unten, bis du auf den Eintrag „Vehicle Seat" stößt. Führe einen Doppelklick auf diesen Eintrag aus und schon wird ein schwarzer Block als Fahrersitz auf deiner Karosserie montiert. Womöglich musst du noch die Größe des Sitzkissens mit der Funktion „Scale" anpassen.

AUTOFAHREN IN ROBLOX

Das Autofahren in Roblox ist sehr einfach. Mit der Taste W gibst du Gas und mit den Tasten A und D bewegst du das Lenkrad nach links oder rechts.

Als Spieler musst du dich lediglich in die Nähe eines Fahrersitzes begeben, um einzusteigen oder aufzusitzen. Dein Charakter springt dann automatisch auf den Sitz!

IN FÜNF SCHRITTEN ZUM RENNSPIEL

Da du nun in der Lage bist, vergleichsweise komplexe Modelle wie ein Auto zu bauen, kannst du das Gelernte in deinem zweiten Spiel-Projekt einsetzen! Das erste Spiel aus Kapitel 4 war lediglich ein sehr simples Obby. Der Spieler musste nur laufen, hüpfen und Hindernissen ausweichen. Das zweite Projekt wird für mehrere Spieler gleichzeitig konzipiert sein: ein echtes Rennspiel!

SCHRITT 1. DIE KULISSE AUSWÄHLEN

Bevor du loslegst, solltest du dir Gedanken über die Ausrichtung deines Rennspiels machen.

- Möchtest du ein realistisches Rennspiel gestalten, das auf ganz normalen Straßen rund um eine Stadt angesiedelt ist?

- Möchtest du ein Rennen entlang eines Strands oder über in der Luft schwebende Strecken entwickeln?
- Du kannst dein Rennen sogar auf dem Mond stattfinden lassen. Oder auf einem Regenbogen.

Such dir eine Umgebung aus und gestalte sie entsprechend. Als Beispiel habe ich ganz normale Straßen gewählt.

SCHRITT 2. DIE HERANGEHENSWEISE

Du kannst dein erstes Rennspiel auf zwei grundlegend verschiedene Arten konzipieren:

1. **Verwende die Racing-Vorlage:** Dieser Weg ist ideal für Einsteiger, da die Vorlage bereits alle Bestandteile eines guten Rennspiels enthält. Analysiere die Fahrzeugmodelle, die Streckenführung und die verwendeten Scripts. Da du dieses Buch liest, bist du höchstwahrscheinlich ein Anfänger, der sich unbedingt für diese Variante entscheiden sollte.
2. **Gestalte das Spiel von Grund auf neu:** Diese Herangehensweise ist deutlich schwieriger und kostet viel mehr Zeit. Allerdings lernst du dabei mehr und hast dazu noch jede Menge Spaß. Sobald du die Grundlagen anhand der Vorlage erlernt hast, kannst du dein komplett eigenes Spiel gestalten. Für dieses Tutorial verwenden wir allerdings die „Racing“-Vorlage, um dir den Start zu erleichtern.

Was brauchst du für ein gutes Rennspiel? Ganz einfach: Fahrzeuge und eine Strecke. Die Spieler müssen erkennen können, wo sie hinfahren müssen. Das ist auch schon alles. Die Spieler können ihre eigenen Regeln aufstellen und sich in den Wettkampf stürzen.

SCHRITT 3. DIE RACING-VORLAGE LADEN

Wir nutzen die Vorlage namens „Racing" aus dem Startbildschirm von Roblox Studio als Ausgangsbasis. Nach dem Öffnen siehst du eine voll ausgebaute Rennstrecke inklusive Brücken, Tunneln, Seen, Flüssen und unterschiedlichen Straßenbelägen. Schau dir die Vorlage genau an, sie enthält viele Ideen für dein eigenes Game.

Die Autos stehen in der Nähe der Spawnpunkte der Spieler (also dort, wo die Avatare nach Spielstart erscheinen). So können sich die Teilnehmer sofort ins Vergnügen stürzen.

SCHRITT 4. DIE VORLAGE BEARBEITEN

So wie du es bereits gelernt hast, mache die Roblox-Vorlage zu deiner eigenen, indem du sie bearbeitest. Verändere die Landschaft und die Farben und füge Details hinzu.

Wenn du in Roblox Studio Elemente wie eine Straße auswählst, kannst du diese kopieren und einfügen, um die Richtung zu ändern oder eine Abzweigung einzubauen. Mit „Paint" aus dem Terrain-Editor kannst du die Straße mit Gras oder Schlaglöchern verzieren, um deinem Rennspiel einen realistischen Look zu versehen.

Analysiere die gesamte Vorlage sorgfältig und verändere sie daraufhin genau so, wie du sie dir vorstellst.

SCHRITT 5. SORGE FÜR FAIRES GAMEPLAY

Beim Design eines Rennspiels musst du stets mit Bedacht vorgehen – bist du nicht aufmerksam genug, können sich Spieler unerlaubte Vorteile verschaffen (Fachjargon „Cheating"). Wenn Spieler beispielsweise die Straße verlassen und eine Abkürzung zum nächsten Checkpoint nehmen können, hat dein ganzes Streckendesign seinen Sinn verloren. Um dies zu verhindern, kannst du – anders als die Entwickler der Vorlage – die Streckenränder mit Barrieren versehen. Du kannst die Strecke auch in luftiger Höhe errichten oder mit Wasser umgeben. Auf diese Weise wird jeder Spieler bestraft, der den vorgegebenen Kurs verlässt.

* * *

Mittlerweile solltest du schon souverän mit Roblox und Roblox Studio umgehen können! Du hast ein eigenes Rennspiel entwickelt, ganze Welten erschaffen und sogar eigene Modelle gestaltet. Nun bist du bereit für die Königsdisziplin des Game Design: Scripting. Damit steuerst du gezielt, was in deinen Games passieren soll.

KAPITEL 8

SCRIPTING-GRUNDLAGEN

Mittlerweile dürften deine Spielwelten ziemlich gewachsen sein. Mithilfe von Roblox Studio hast du faszinierende Landschaften mit Bergen und Flüssen, Städte mit Straßen zum Herumfahren und einige weitere Spielwelten erschaffen, die nur darauf warten, erforscht zu werden. Doch höchstwahrscheinlich hast du das Gefühl, dass deine Games dem direkten Vergleich mit den vielen größeren und besseren Spielen in Roblox nicht standhalten. Wie kann man Objekte im Spiel bewegen? Wie gestaltet man ein Spiel komplexer und damit spaßiger? Hier kommt die hohe Kunst des Scripting ins Spiel.

Per Scripting kannst du Ereignisse in Roblox programmieren und auslösen. Vergleicht man das Weltenbauen mit LEGO, dann sorgen Scripte dafür, dass sich die Steine bewegen und vordefinierte Dinge tun – fast so, als würden sie über eigene Gehirne verfügen. Du lernst im Folgenden:

- was Scripting ist,
- wie sich Scripting in Roblox von traditioneller Programmierung unterscheidet,
- wie du einfache Scripts selbst erstellst,
- wie du typische Scripting-Fehler vermeidest, die Roblox-Einsteiger machen.

WAS IST SCRIPTING EIGENTLICH?

Wenn du die Bauteile und Blöcke eines Roblox-Spiels mit LEGO-Steinen vergleichst, dann sind Scripte unsichtbare Sätze mit Instruktionen, die all den Steinen sagen, was sie beim Spielstart zu tun haben. Es ist so ähnlich wie in *Toy Story*, wenn Andy das Kinderzimmer verlässt und alle Spielzeuge zum Leben erwachen – mit dem kleinen, aber feinen Unterschied, dass du den „Spielzeugen“ sagen kannst, was sie zu tun haben!

Wenn dich das alles ein wenig verwirrt, keine Sorge: Es wird alles einen Sinn ergeben, wenn du es gleich selbst ausprobierst. Betrachte die Scripts zunächst einmal als einfache Anweisungen in Roblox.

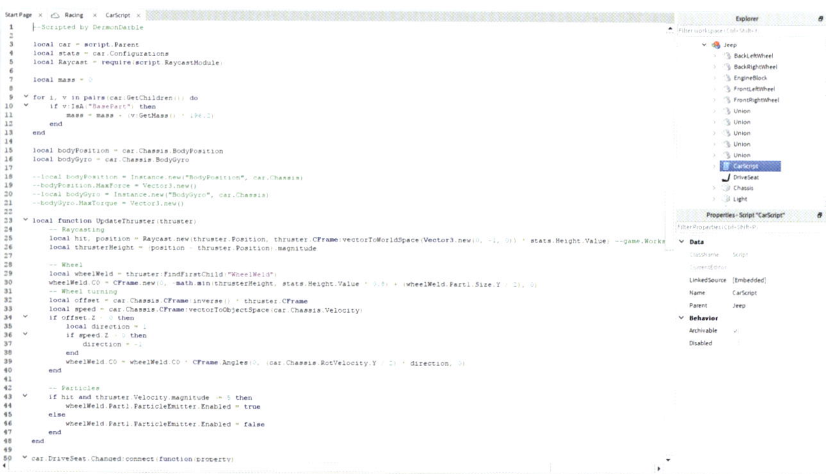

Roblox Corporation
SO SEHEN SCRIPTS IN ROBLOX STUDIO AUS.

Wenn du zum Beispiel ein Rennspiel in einer Stadt konzipierst, kannst du mit einem Script Fußgänger über die Gehwege schlendern lassen. Das Script lässt die Charaktere wissen, wohin und wie schnell sie sich bewegen sollen. Scripts werden auch für ganz einfache Dinge in Roblox verwendet, beispielsweise um Texte anzuzeigen.

WIE SICH SCRIPTING VON PROGRAMMIERUNG UNTERSCHEIDET

Wenn du Videospiele entwickelst, kannst du verschiedene Wege einschlagen. Ein Entwicklerteam besteht aus Programmierern, Designern, Grafikern, Textern, Produzenten und vielen weiteren Personen. Jeder Spezialist trägt seinen Teil zur Fertigstellung des Spiels bei:

- Texter schreiben die Hintergrundgeschichten,
- Grafiker kümmern sich um den Look des Games,
- Programmierer sind für alle Mechaniken im Spiel zuständig – das kommt dem Scripting am nächsten.

PROGRAMMIERSPRACHEN

Wenn du Videospiel-Programmierer werden möchtest, musst du die Grundlagen der Informatik und Computertechnologie erlernen. Außerdem brauchst du Kenntnisse in mehreren Programmiersprachen. So wie die Völker dieser Erde unterschiedliche Sprachen sprechen, verwenden Game-Entwickler unterschiedliche Programmiersprachen. Hier einige populäre Beispiele:

- C# (ausgesprochen „*C sharp*")
- C++
- Flash
- Python
- Java

Doch damit nicht genug. Spiele-Entwickler nutzen darüber hinaus „Game Engines", die bereits jede Menge Code zur Erleichterung der Programmierarbeit enthalten. Zu den beliebtesten Engines gehören:

- Unity
- GameMaker
- Unreal

Roblox verwendet eine geringfügig modifizierte Version der Programmiersprache Lua. Diese unterscheidet sich wesentlich von den anderen hier vorgestellten Programmiersprachen, doch es gibt ein paar Gemeinsamkeiten.

Wenn du in Roblox Studio nicht nur Modelle bauen, sondern ihnen auch Leben einhauchen möchtest, solltest du dich mit Lua vertraut machen, wie du in diesem und im nächsten Kapitel erfahren wirst.

ERFOLGREICH PROGRAMMIEREN

Beim Programmieren musst du sehr akkurat vorgehen. Wenn du aus Versehen nur einen Schreibfehler machst, funktioniert das ganze Script nicht mehr. Wie in der Schule musst du beim Schreiben grammatikalischen Regeln folgen. Auch Programmiersprachen haben solche Regeln.

EINFACHE SCRIPTS FÜR DEINE GAMES

Es gibt jede Menge Scripts, die sich in Roblox sinnvoll einsetzen lassen. Als Starthilfe möchte ich dir zwei der grundlegendsten Scripts vorstellen, die alle Roblox-User auf deinem Kenntnisstand beherrschen sollten.

OBJEKTE, DIE SCHADEN VERURSACHEN

Gefährliche Objekte, die Schaden an der Spielfigur verursachen, sind bereits seit den allerersten Computerspielen ein fester Bestandteil von Spielwelten. Als Game-Designer musst du wissen, wie du solche Objekte programmierst. Deine Spiele brauchen Bereiche, die ein Spieler nicht betreten kann, ohne dass er verletzt wird. Manchmal können solche Objekte die Spielfigur sogar töten.

Lass uns in diesem Beispiel etwas Ähnliches wie das Obby aus Kapitel 4 entwerfen. Öffne die Spieldatei erneut und füge einige schwebende Blöcke in der Nähe des Startpunkts hinzu. Färbe diese neonrot ein, um Gefahr zu signalisieren. Klicke nun mit der rechten Maustaste auf jeden der neuen roten Blöcke und wähle „Insert Object > Script", um folgenden Text einzufügen:

```
local brick = script.Parent
brick.Touched:connect(function (object)
if object.Parent:FindFirstChild("Humanoid") then
object.Parent.Humanoid:TakeDamage(100)
end
end)
```

Es ist von großer Bedeutung, dass du diesen Text exakt so eingibst, wie er hier abgedruckt ist, denn die Zeilenumbrüche und die Befehle im Code geben vor, was im Spiel passieren wird. Nachdem du dieses Buch durchgearbeitet und mehr über Programmierung gelernt hast, wirst du die Bedeutung einer guten Grammatik und Syntax beim Scripting verinnerlicht haben.

Probiere es selbst aus: Klicke auf „Play", warte bis der blau schimmernde Schild von deinem Avatar verschwunden ist und laufe in den roten Block hinein. Deine Spielfigur nimmt 100 Schaden (das Maximum an Lebenspunkten) und stirbt. Dabei zerfällt sie in all ihre Einzelteile, was wirklich lustig anzusehen ist!

Du kannst dieses Script für andere Situationen anpassen. Möchtest du die Spielfigur nur verletzen und nicht töten, reduziere einfach den Wert hinter „TakeDamage".

Gibst du hier „10" ein, verliert der Charakter einen Teil seines Lebens, kann jedoch munter weiterspielen.

EINEN VERBANDSKASTEN PROGRAMMIEREN

Nun weißt du, wie du ein Objekt baust, das den Spieler *verletzt*. Wie wäre es mit einem Item, das den Spieler *heilt*, wenn er es berührt? Die Kombination von Schaden verursachenden und heilenden Items eröffnet dir viele Möglichkeiten im Spieldesign – etwa Gegenden mit Fallen, die Schaden verursachen, und eingestreuten Möglichkeiten, wieder an Gesundheit zu gewinnen.

Für dieses Beispiel nutzen wir erneut unseren Soldaten aus Kapitel 3. Öffne die Toolbox und suche nach „Health Kit". In der Liste solltest du auf einen Verbandskasten stoßen, der so ähnlich aussieht wie im Bild unten. Füge dieses Objekt in deine Spielwelt ein.

Roblox Corporation
EIN KLEINER VERBANDSKASTEN

```
            wait(cooldown)
            canHeal = true
        end
    end

    healthPack.Touched:connect(handleTouch)
```

Nun solltest du über ein voll funktionsfähiges Health Pack verfügen, das du in deine Spiele einbauen kannst!

* * *

Sicher ahnst du bereits, dass die Möglichkeiten von Scripts in Roblox nahezu unbegrenzt sind. Es gibt immer interessante Mittel und Wege, dein Roblox-Game zu erweitern, und Scripts sind der Schlüssel dazu. Im nächsten Kapitel lernst du fortgeschrittene Scripts für komplexe Aktionen in deinen Roblox-Games kennen.

KAPITEL 9

SCRIPTING FÜR PROFIS

STOP

Dieses Kapitel soll dir dabei helfen, deine Produktion von „irgend noch so einem Roblox-Game" zu einem Spitzentitel zu machen, der ähnlich viel Spaß bereitet wie kommerzielle Produkte. Die Tipps in diesem Kapitel sind eine gute Basis für deine Karriere als Videospiel-Entwickler! Du lernst unter anderem:

- die wichtigsten Begriffe beim Scripting,
- Beispiele, wie Scripts deine Games besser machen können,
- wie du ein Spiel mit fortgeschrittenen Scripts programmierst.

DIE WICHTIGSTEN FACHBEGRIFFE

Das ist kein Schulbuch, dennoch enthält es einige Vokabeln, die du lernen solltest. Komplexe Themenbereiche wie Scripting enthalten jede Menge „Fachchinesisch". Hier die wichtigsten Begriffe kurz erklärt:

- „Bug": Unerwartete Fehler im Spiel, die eigentlich nicht existieren dürften. Wenn beispielsweise der Spieler keine Waffe aufnehmen oder keinen Schaden an einem Gegner verursachen kann, spricht man von einem Bug. Je mehr Scripts in einem Game enthalten sind, desto höher ist die Gefahr von Bugs.
- „Code": Der Text innerhalb von Scripts. Dieser beschreibt, welche Befehle das Spiel automatisch abarbeiten soll. Denke an die Beispiele aus Kapitel 8 mit dem Verbandskasten und den tödlichen Blöcken.
- „Schleife": Wiederholt dieselben Anweisungen immer wieder. Schleifen sind nützlich für sich wiederholende Ereignisse wie das Abspielen von Musik oder das regelmäßige Auftauchen von Gegnern, die den Spieler angreifen.
- „Output": Ein Fenster, das die Auswirkungen von Scripts anzeigt. Darüber hinaus präsentiert es dir Bugs und Text, der auf dem Bildschirm erscheint. Das Fenster erscheint nur in Roblox Studio und nicht im Spiel selbst. Sieh es als eine Art Kontrollinstanz,

die alle Geschehnisse während der Ausführung von Scripts für ein besseres Verständnis dokumentiert und dir dabei hilft, Bugs aufzuspüren.

- „Print“: Wenn du Scripts schreibst, bewirkt dieser Befehl nicht den Ausdruck von Worten oder Bildern auf einem Drucker. Vielmehr sorgt diese Funktion dafür, dass Texte auf dem Bildschirm ausgegeben werden. Auf diese Weise kannst du beispielsweise Dialoge mit anderen Charakteren darstellen oder den Spieler wissen lassen, wenn er einen neuen Bereich betritt oder das Game siegreich beendet hat.
- „Script“: Eine Sammlung von Code in Roblox Studio, die dem Spiel sagt, was zu tun ist. Scripts sind vergleichbar mit einer Liste von Instruktionen, die der Computer interpretieren und ausführen kann.
- „Variable“: Eine Variable dient zum Speichern von Informationen in Roblox. Sie kann eine Zahl, ein Objekt oder auch ein Text mit Informationen sein. Ein schönes Beispiel ist die Gesundheit des Spielers, die mit der Variable „playerHealth“ ermittelt wird und die verbleibende Zahl an Lebenspunkten enthält. Die Variable „gunAmmo“ enthält dagegen die Menge der Patronen, die der Spieler noch zur Verfügung hat.

Es gibt noch viele weitere Fachbegriffe in Bezug auf das Scripting in Roblox, doch mit dieser Zusammenfassung solltest du dich bereits gut zurechtfinden.

WAS KÖNNEN KOMPLEXE SCRIPTS FÜR DICH TUN?

In Roblox Studio kannst du Scripts für eine Vielzahl von Aktionen verwenden. Du kannst per Script festlegen, ob ein Objekt den Spieler bei Kontakt verletzt oder heilt, wie du in Kapitel 8 gelernt hast. Doch es ist noch viel mehr möglich – mit Scripts kannst du beispielsweise:

- Gegner dazu bringen, den Spieler anzugreifen,
- ein Rennen per Ampel starten,
- eine Waffe abfeuern oder ein Schwert schwingen,
- einen Charakter in ein Restaurant gehen und einen Cheeseburger bestellen lassen,
- Punkte für die Erledigung einer Aufgabe verteilen,
- Spieler eine ganze Welt gemeinsam errichten lassen,
- einen Teddy bei Berührung zum Lachen bringen
- und noch viel mehr.

DIE ENERGIEQUELLE VON ROBLOX

Roblox-Entwickler nutzen die Programmiersprache Lua 5.1, um Usern interaktive und veränderbare Inhalte zu ermöglichen. Das Scripting in Roblox ist weniger flexibel als bei größeren Game-Engines für Profis. Deshalb kannst du kein Spiel in der Art von „Elder Scrolls V: Skyrim" produzieren. Es reicht jedoch für spassige Projekte mittleren Anspruchs.

EIN ACTION-SPIEL IN FÜNF SCHRITTEN

Mit dem bisher Gelernten in Sachen Scripts und Welt-Design kannst du nun etwas Größeres auf die Beine stellen. Im Folgenden wirst du jede Menge Scripts einsetzen, um ein wesentlich komplexeres Spiel zu entwickeln. Unterm Strich zeigt dir dieses Buch, wie du drei Spiele gestaltest:

1. Das erste Spiel war ein simples Obby mit Springen und Hindernissen ausweichen.
2. Das zweite Projekt war ein Rennspiel, in dem du weit mehr machen konntest als nur Herumhüpfen.
3. Das dritte Spiel wird weitaus komplexer sein. Wir werden eine Mischung aus Kampf- und Abenteuer-Spiel entwickeln – solche Kombinationen sind sehr beliebt auf der Roblox-Plattform. Wir werden den Fokus auf die Action legen, sodass wir das Ergebnis eher der Action-Kategorie zuordnen können.

SCHRITT 1. EINE VORLAGE ÖFFNEN

Die ideale Basis für ein Spiel wie dieses ist die Vorlage „Combat" von Roblox Studio. Nachdem du Studio gestartet und dich für diese Vorlage entschieden hast, siehst du ein ausgedehntes Brachland mit einem Gewehr, einem Schwert und einem Verbandskasten in der Mitte. Rund um diese Stelle herum befinden sich die Spawnpunkte, wo die Avatare der Spieler auftauchen.

Die Idee dahinter: Alle Spieler rennen zur Mitte, schnappen sich eine Waffe und kämpfen gegeneinander. Wir können entweder dieses Konzept aufnehmen oder einen eher kooperativen Ansatz wählen. Die ersten Schritte sind in beiden Herangehensweisen identisch.

SCHRITT 2. DIE SPIELWELT ANPASSEN

Noch ist die Spielwelt sehr leer und entsprechend öde. Deshalb garnierst du sie mit Gebäuden, Wänden und anderen Objekten, die von den Spielern erforscht werden können und Deckung bieten. Du kannst diese Modelle entweder selbst bauen oder vorhandene Objekte aus der Toolbox ziehen und verändern.

Um für Abwechslung zu sorgen, kannst du die Gegenstände aus der Mitte entfernen und sie an anderen Stellen verstecken. Dadurch bleibt der Sturm aufs Zentrum aus und die Spieler müssen erst nach ihren Waffen suchen, bevor sie sich gegenseitig bekämpfen können.

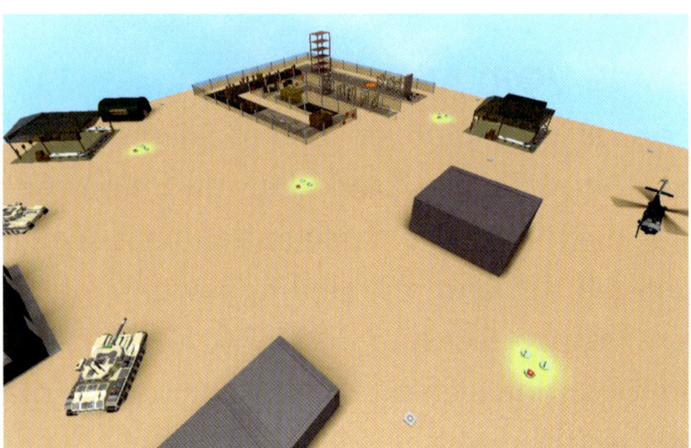

Roblox Corporation
DIE COMBAT-VORLAGE LÄSST SICH MIT MEHREREN OBJEKTEN ABWECHSLUNGSREICHER GESTALTEN.

Beim Leveldesign hast du vollkommen freie Hand. In diesem Beispiel habe ich das militärische Thema fortgeführt, indem ich entsprechende Objekte wie Kasernen, Panzer, Hubschrauber und Wachtürme eingebaut habe. Alternativ kannst du das Geschehen auf den Mond, in ein Höhlensystem oder in einen Eispalast voller Schneemänner verlegen – deiner Fantasie sind keine Grenzen gesetzt!

SCHRITT 3. GEGNER UND SCRIPTS EINBAUEN

Nachdem die Spielwelt vollendet ist, musst du dich um die spielerischen Inhalte kümmern:

- Sollen die Spieler gegeneinander kämpfen?
- Kämpfen die Spieler gemeinsam gegen Monster?
- Müssen die Spieler gegen andere Spieler und zugleich gegen aggressive Gegner antreten?
- Soll es ein Mix aus all diesen Optionen sein?

Da du wahrscheinlich Gegner einbauen möchtest, sollten wir gleich damit beginnen.

Zombies sind hervorragend als computergesteuerte Gegner geeignet. Zum Glück findest du in der Toolbox entsprechende Kreaturen. Tippe „*zombie*" in das Suchfeld ein und entscheide dich für den „Respawning Drooling Zombie" des Users „Frostydan200". Ein Klick genügt und die Kreatur taucht mit dem Namen „Drooling Zombie" in deiner Spielwelt auf.

Roblox Corporation
GRUSELIG: EIN GRÜNER ZOMBIE IN DEINEM SPIEL!

Praktisch: Dieser Zombie ist bereits mit einigen nützlichen Scripts ausgestattet, was dir die Arbeit erleichtert. Öffne die Explorer-Palette aus dem Menü „View" und klicke den Zombie mit dem Select-Tool an. Nun sollte in der Explorer-Liste das Objekt „Drooling Zombie" hervorgehoben sein. Um das Innenleben der Kreatur zu erforschen, klicke auf den kleinen Pfeil links neben dem Objektnamen. Nun erscheinen alle mit dem Modell verknüpften Inhalte.

Hier gibt es jede Menge zu sehen, darunter:

- Ein Soundeffekt namens „Moan" (Seufzen), der sehr gut zu einem Untoten passt
- Eine Sektion namens „Body Colors"
- Eine Reihe von Scripts
- Die Einzelteile des Zombies

Die drei Scripts des Zombies tragen die Namen „Animate", „Respawn" und „Script". Diese drei Scripts sagen dem Zombie, wie er sich im Spiel zu verhalten hat.

Respawn: für steten Zombie-Nachschub sorgen

Öffne das Respawn-Script, indem du einen Doppelklick darauf ausführst. Du solltest folgenden Code sehen:

```
name="Humanoid"
robo=script.Parent:clone()
while true do
    wait(1)
    if script.Parent.Humanoid.Health<1 then
            robot=robo:clone()
            robot.Parent=script.Parent.Parent
            robot:makeJoints()
            script.Parent:remove()
    end
end
```

Dieses Script fragt zunächst ab, über wie viele Lebenspunkte („Health") der Zombie verfügt. Fallen diese unter den Wert „1", ist der Zombie gestorben und ein Klon soll an seiner Stelle auftauchen. Das Script sorgt also für einen konstanten Respawn an neuen Gegnern, die den Spieler jagen. Du kannst dieses smarte Script jederzeit für andere Gegner in deinen Spielen verwenden.

FÜHRE EINE SCRIPT-LISTE

Während du Charaktere und Modelle aus der Toolbox integrierst, stößt du immer wieder auf coole Scripts, die du in deinen eigenen Spielen verwenden kannst. Deshalb solltest du eine Liste über deine Entdeckungen führen, die du als Dokument auf deinem Computer speicherst. Alternativ kannst du auch das komplette Script kopieren und in dein Dokument einfügen. Auf diese Weise bleiben deine Lieblings-Scripts auch dann erhalten, wenn der Ersteller sein Modell aus der Toolbox entfernen sollte.

Animate: Den Zombie in Bewegung setzen

Das Script „Animate" sorgt dafür, dass sich der Zombie in der Spielwelt bewegt. Dabei handelt es sich um ein überaus komplexes Script, dessen Erklärung den Rahmen dieses Buchs sprengen würde. Eine nachvollziehbare Änderung kannst du dennoch durchführen: die Geschwindigkeit, mit der sich die Kreatur bewegt. Ziemlich weit oben im Code findest du folgende Zeile:

```
local currentAnimSpeed = 1.0
```

Indem du den Zahlenwert anpasst, kannst du die Bewegungsgeschwindigkeit variieren. „10" lässt den Zombie blitzschnell durch den Level fegen, während „5" ein gutes Mittelmaß zwischen schnell und langsam darstellt. Tipp: Mache verschiedene Gegner unterschiedlich schnell!

Nun kannst du weitere Gegner hinzufügen. Je nach Art des Spiels können dies Skelette, Ninjas, Soldaten, Ritter oder irgendeine andere Art von Gegner sein. Experimentiere ein wenig, indem du Modelle aus der Toolbox in die Spielwelt ziehst und diesen per Kopieren und Einfügen die Scripts des „Drooling Zombie" zuweist. Auf diese Weise kannst du die Gegner frei im Level herumlaufen lassen oder sie direkt auf den Spieler ansetzen.

FÜGE JEDE MENGE GEGNER HINZU

Das Bevölkern des Levels mit möglichst vielen Gegnern ist ein Riesenspaß! Wie wäre es mit einer riesigen Zombie-Armee? Eine solche Horde stellt eine große Herausforderung für die Spieler dar und ist viel interessanter als ein leerer Level.

Script: Was der Zombie sonst noch macht

In der Explorer-Übersicht des „Drooling Zombie" siehst du noch ein letztes Script mit der schlichten Bezeichnung „Script". Der enthaltene Code ist für alles andere verantwortlich, was der Zombie im Spiel machen soll. So enthält das Script den Code für das Auftauchen der Kreatur in der Spielwelt, für das Verfolgen von Spielern in unmittelbarer Nähe sowie für das Produzieren von Geräuschen, wenn der Zombie herumläuft oder das Zeitliche segnet. In diesem Script musst du keine Änderungen vornehmen.

SCHRITT 4. WEITERE SPIELER HINZUFÜGEN

Roblox macht es dir sehr leicht, deinem Game weitere Spieler hinzuzufügen. Sobald du ein fertiges Spiel auf Roblox veröffentlichst, unterstützt es automatisch mehrere Spieler. Wenn du die Multiplayer-Funktionalität im Vorfeld testen möchtest, kannst du vorgehen wie folgt:

- Wechsle zum Tab „Test".
- Wähle die Option „Local Server".
- Wähle im Dropdown-Menü im Bereich „Clients and Servers" die gewünschte Spielerzahl.
- Klicke auf „Start".

Dadurch wird eine Mehrspieler-Partie auf deinem Computer simuliert. Du musst einige Minuten bis zum Start des Tests warten, da das System mehrere Dummy-Konten anlegt, welche die nicht vorhandenen Spieler repräsentieren. Danach erscheinen mehrere Spielfenster. Such dir eines aus und teste das Spiel genauso, wie du es vom „Test"-Modus her kennst. Weiteres über Mehrspieler-Features wie Ranglisten erfährst du in Kapitel 13.

SCHRITT 5. SPIELENDE

Je nach Genre deines Games unterscheiden sich die Spielziele erheblich voneinander. In einem Obby endet das Spiel, wenn du die finale Plattform erreicht hast. Solche eindeutigen Ziele gibt es in Multiplayer-Games nicht, weshalb du Kills oder Punkte zählen musst, damit deine Spieler eine Art von Ziel im Auge behalten können. In vielen Fällen sind Roblox-Spiele „unendlich" angelegt, sodass die Spieler immer wieder neu anfangen können – schließlich will Roblox, dass die User fleißig auf der Plattform spielen.

Wie du „Kill Counts", also die Zahl der Abschüsse, in deinen Games erfasst und auswertest sowie sich wiederholende Runden per Script handhabst, erfährst du in Kapitel 13 dieses Buchs, wo sich alles um das Thema „Multiplayer" dreht.

* * *

Dieses Action-Game mit Zombies, die eine Militärbasis überfallen, bietet viel Raum zum Experimentieren. Wenn du dich tief genug in die Thematik und in das Scripting einarbeitest, kannst du ein wirklich cooles und einzigartiges Spiel aus dem Hut zaubern. Für deine nächsten Projekte solltest du folgende Vorlagen in Roblox Studio ausprobieren und dein Wissen dadurch vertiefen:

- „Line Runner": In diesen Titeln bewegt sich der Charakter automatisch über den Bildschirm und es ist am Spieler, wann er springt oder Gegnern ausweicht. Typische Vertreter dieses Genres sind Flappy Bird, Jetpack Joyride oder Super Mario Run. Die Ansicht erfolgt üblicherweise von der Seite.

- „Infinite Runner“: Diese Vorlage weist vom Gameplay her große Gemeinsamkeiten zur Vorlage „Line Runner“ auf. Der größte Unterschied besteht in der Ansicht: Statt von der Seite betrachtet der Spieler das Geschehen aus der Roblox-typischen 3D-Perspektive aus der dritten Person. Damit ähneln solche Spiele bekannten Titeln wie Temple Run, Subway Surfers und Sonic Dash.
- „Team/FFA Arena“: Zu guter Letzt kannst du mit der Vorlage „Team/FFA Arena“ experimentieren. In unserem eben fertiggestellten Action-Game haben wir Spieler gegen Zombies antreten lassen. In Arena-Games treten stattdessen Spielerteams gegeneinander an – ganz ähnlich wie in Call of Duty, Overwatch oder Counter-Strike. Wenn du gerne ein Action-Game gestalten möchtest, kannst du dich an diese sehr anspruchsvolle, aber auch lohnenswerte Vorlage heranwagen.

TEIL 3

ROBLOX FÜR PROFIS

KAPITEL 10

SPIELE MIT NPCS BELEBEN

STOP

Selbst das beste Spiel ist ein wenig langweilig ohne Nicht-Spieler-Charaktere (engl. „Non-Player Characters“, kurz „NPCs“). Deshalb kannst du solche computergesteuerten Personen auch in deine Roblox-Games einbauen.

Kannst du dir vorstellen, dein Lieblingsspiel ganz alleine in einer leeren Welt zu spielen? Einige wenige Titel leben vom Konzept des Alleinseins, doch das ist nicht die Regel. Deshalb lernst du in diesem Kapitel kennen:

- was einen interessanten NPC ausmacht,
- Genres, die von guten NPCs profitieren,
- Genres, die sich mit *wenigen* NPCs viel besser spielen lassen,
- wie du in Roblox einen NPC erstellst und programmierst.

WAS MACHT EINEN COOLEN NPC AUS?

Denk an deine Lieblingsspiele, beispielsweise The Legend of Zelda, Mario, Pokémon oder auch Halo und Call of Duty. All diese Spiele enthalten interessante NPCs, mit denen der Spieler interagieren kann. Einige Titel wie Mario kommen mit weniger NPCs aus, doch es handelt sich stets um bedeutsame Charaktere, die eine entscheidende Rolle spielen. So verraten sie Mario, wo Bowser Prinzessin Peach gefangen hält, oder verkaufen ihm zwischen den Levels Gegenstände.

NPCs haben verschiedene Aufgaben in einem Spiel. Sie können dich mit Informationen versorgen oder mit einer Quest helfen. Später verrate ich dir, wie du NPCs in Roblox Studio Aufgaben zuweist, doch zunächst eine Übersicht:

- Hilfe: Ein NPC mit einem Fragezeichen (?) über dem Kopf beantwortet wichtige Fragen des Spielers.
- Quest: Ein Ausrufezeichen (!) über dem Kopf weist darauf hin, dass der NPC dem Spieler eine Quest anbietet.
- Laden: Ein Dollarzeichen ($) über dem Kopf indiziert, dass der NPC Gegenstände an den Spieler verkauft.

Die Gestaltung eines NPCs ist nicht schwer und du hast dabei viele Möglichkeiten zur Entwicklung. Nachfolgend lernst du einige Eigenschaften kennen, über die du beim Design deiner NPCs nachdenken solltest.

EINE GEWINNENDE PERSÖNLICHKEIT

Ist ein NPC lustig, charmant oder einfach nur ein unterhaltsamer Gesprächspartner, wird sich der Spieler mit hoher Wahrscheinlichkeit an ihn erinnern.

STARKE BEWEGGRÜNDE

Wenn ein NPC nur zum Verkaufen oder zur Quest-Vergabe existiert, wird er schnell langweilig. Viel interessanter sind NPCs mit einer ausgefeilten Hintergrundgeschichte und nachvollziehbaren Beweggründen. So kann ein NPC denselben Gegner wie der Spieler zum Feind haben und auf Rache sinnen. Wenn NPCs Beziehungen untereinander haben, fühlt sich das Spiel nicht so an, als würdest du mit zufällig hingeklatschten Charakteren sprechen. Besonders effektiv sind NPCs, welche dieselben Gefühle und Beweggründe wie der Spieler hegen.

INTERESSANTES AUSSEHEN

Was von Einsteigern beim Game-Design oft vergessen wird: Wirken die NPCs durch ihren Look oder auch ihre Umgebung uninteressant, könnten sie von den Spielern schlicht ignoriert werden. Um Nichtspieler-Charaktere interessanter zu gestalten, kannst du ihnen ungewöhnliche Kleidungsstücke verpassen oder sie beispielsweise in einem auffälligen Haus wohnen lassen.

WELCHE GENRES PROFITIEREN AM MEISTEN VON NPCS?

Nicht alle Spiele sind auf NPCs angewiesen, mit denen interagiert werden kann. Einige Games sind sogar besser, wenn sich der Spieler nicht auf NPCs konzentrieren muss. Wieder andere Titel profitieren enorm von NPCs, die die Spielwelt bevölkern.

GAMES, DIE VON NPCS PROFITIEREN

Wenn du eine große Spielwelt mit vielen Möglichkeiten zur Interaktion planst, ist die Integration von NPCs natürlich sinnvoll. Folgende Spiele-Genres fühlen sich mit NPCs generell viel besser an.

Zombie-Games

Womöglich denkst du nun „Moment mal, Spieler interagieren nicht mit Zombies, sondern schießen auf sie!". Damit hast du natürlich recht. Doch diese Zombies müssen die Spieler jagen und angreifen. Diese Verhaltensweisen enthalten bereits die Prinzipien guten NPC-Designs. Darüber hinaus werten andere Charaktere als Zombies die Spielwelt ungemein auf. Du kannst den Spieler auf andere Menschen treffen lassen, die es zu beschützen gilt oder die an seiner Seite kämpfen. Damit bringst du mehr Tiefe ins Spiel und erhöhst gleichzeitig die Erfolgschancen der Spieler.

Rollenspiele

Dieses Genre ist am stärksten von der Interaktion mit NPCs abhängig. In Rollenspielen müssen die Spieler unter anderem Folgendes tun:

- Mit NPCs in Städten sprechen, um nach dem Weg zu fragen
- Seite an Seite mit NPCs kämpfen oder gegen NPCs antreten

NPCs müssen den Spielern Aufgaben geben und sie dazu bewegen, andere NPCs zu retten. Du wärst bestimmt kein großer Held, wenn du nicht andere Menschen retten würdest, oder?

Adventures

Adventures weisen viele Gemeinsamkeiten mit Rollenspielen auf, denn auch in ihnen begibt sich der Spieler auf eine große Reise, bezwingt mächtige Gegner und rettet die Welt vor dem Bösen. Der größte Unterschied besteht darin, dass Adventures viel dialoglastiger sind und weniger Kampf-Action bieten.

GAMES, DIE OHNE NPCS BESSER SIND

Nicht alle Roblox-Games sind auf NPCs angewiesen. Genauer gesagt: Die meisten Spiele auf Roblox bieten keine NPCs, wie die vielen Obbys, Rennspiele, Shooter und

Action-Games. Der Hauptgrund hierfür liegt im Ansatz von Roblox, Spieler online miteinander spielen zu lassen. Sind andere Menschen mit von der Partie, braucht es keine digitalen Charaktere zur Interaktion.

Hier kommt der bereits mehrfach erwähnte Gestaltungsgrundsatz zum Tragen, dass du die Vorlieben deiner Spieler kennen und bedienen solltest. Wenn jemand ein Spiel wie Mario Kart startet, will er Rennen fahren und garantiert nicht mit irgendwelchen Charakteren über das Wetter oder das Ende der Welt reden.

Multiplayer-Games

Mehrspieler-Titel kommen unter Umständen ganz ohne NPCs aus. Da du mit anderen Menschen spielst, kümmerst du dich weniger um die Anwesenheit irgendwelcher NPCs, sondern legst deinen Fokus auf die Interaktion mit deinen Mitspielern. Warum solltest du auch Zeit mit einem Dialog mit einem NPC verschwenden, wenn die anderen Mitspieler mit gezogener Waffe auf dich zustürmen?

SO KANNST DU NPCS IN ROBLOX PROGRAMMIEREN

Mit NPCs kannst du viele verschiedene Dinge anstellen. Hier zwei einfache Beispiele:

1. Du kannst NPCs den Spieler angreifen lassen – wie in einem Zombie-Game.
2. Du kannst NPCs bei Bedarf mit dem Spieler sprechen lassen.

Die Integration komplexer Bewegungsabläufe und Aktionen von NPCs würde den Rahmen dieses Buchs sprengen, sodass wir uns im Folgenden auf einfache Gespräche mit dem Spieler konzentrieren.

EINEN NPC SPRECHEN LASSEN

Der einfachste NPC-Typus steht in der Spielwelt herum und beginnt ein Gespräch, wenn sich ein Spieler nähert. Solche NPCs kannst du für folgende Dinge verwenden:

- Spielern Informationen über die Spielwelt geben,
- Spieler mit bestimmten Aufgaben betrauen,
- auf Fragen der Spieler antworten.

Dieses Beispiel siedeln wir in einem Fantasy-Königreich an. Als Spiel-Designer ist es dein Ziel, die Palastwache (den NPC) zum Sprechen zu bringen. Wenn ein Spieler die Umgebung der Burg erforscht und sich der Wache nähert, könnte er Fragen haben wie „Was ist das für ein Ort?“ oder „Wer lebt hier?“. Hier ist es an dir, die potenziellen Reaktionen der Spieler vorauszuahnen!

Einen Charakter aus der Toolbox holen

Starte Roblox Studio und öffne die Vorlagenseite. Für dieses Beispiel ist die Vorlage „Castle" hervorragend geeignet. Im „Home"-Menü aktivierst du die Toolbox und gibst das Wort „Knight" („Ritter") in das Suchfeld ein. Achte darauf, einen gut ausgerüsteten Charakter zu wählen, schließlich handelt es sich um eine Palastwache! Platziere den Ritter deiner Wahl direkt vor der Brücke zum Burgtor.

Roblox Corporation
EIN RITTER BEWACHT DIE BRÜCKE ZUM BURGTOR.

Eine Dialog-Option hinzufügen

Nun ist es an der Zeit, dem Ritter in seiner glänzenden Rüstung etwas mehr Persönlichkeit zu verleihen – wenn er nur so herumsteht, lässt er nur Langeweile aufkommen.

Wähle den Ritter aus und öffne das „Model"-Menü von Roblox Studio. Ganz rechts siehst du den Bereich „Advanced". Dort klickst du auf das Icon „Advanced Objects". Nun erscheint links eine neue Palette mit dem Titel „Advanced Objects“. Diese Palette enthält eine Vielzahl von Optionen. Scrolle ein wenig nach unten, bis du das Objekt mit der Bezeichnung „Dialog“ siehst.

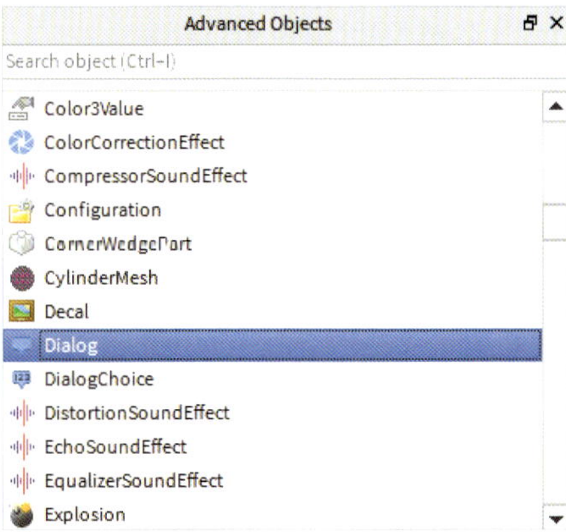

Roblox Corporation
DIE OPTION „DIALOG“

Ziehe das „Dialog“-Objekt bei gedrückt gehaltener linker Maustaste über die Spielwelt und lasse die Maustaste wieder los. Dann wirfst du einen Blick auf die Explorer-Palette am rechten Fensterrand. Sollte diese Palette nicht geöffnet sein, aktiviere die Option „Explorer“ im „View“-Menü. In der Liste der Explorer-Palette sollte nun das Objekt „Dialog“ direkt unter dem Objekt „Knight“ zu finden sein. Klicke das Objekt „Dialog“ in der Liste an und ziehe es bei gedrückt gehaltener Maustaste über den Eintrag „Knight“. Nun ist das „Dialog“-Objekt ein fester Bestandteil deiner Palastwache.

Welcher Teil des Charakters soll sprechen?

Nun musst du Roblox wissen lassen, welcher Bestandteil des Ritters das Sprechen übernehmen soll. Normalerweise möchtest du die Sprechblase über dem Kopf des Ritters sehen, sodass du das Dialog-Objekt auf den Eintrag „Head“

im Explorer ziehst. Wenn du es richtig gemacht hast, sollte die Explorer-Palette so wie im Bild unten aussehen.

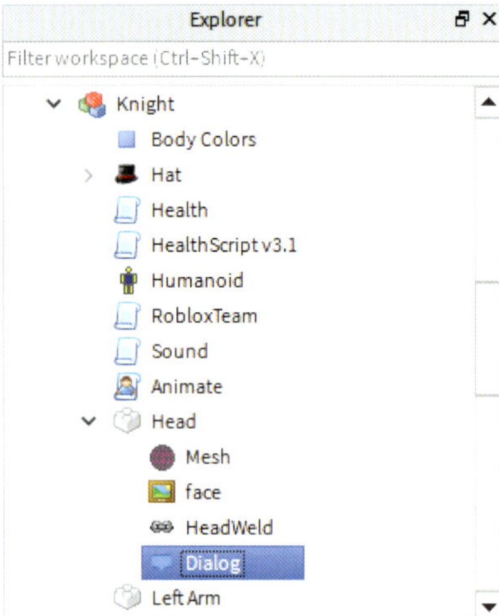

Roblox Corporation
DAS DIALOG-OBJEKT GEHÖRT NUN ZUM KOPF DES RITTERS.

Für Gespräche macht es immer Sinn, Objekte mit dem Kopf des NPCs zu verknüpfen. Manchmal eignen sich andere Körperteile besser – beispielsweise dann, wenn du den Spieler durch Betreten eines Bereichs (wie beispielsweise einer Falle) interagieren lassen möchtest oder das Geschehen von in der Hand gehaltenen Objekten abhängig machen möchtest.

Den Ritter sprechen lassen

Da sich das „Dialog"-Objekt nun am richtigen Platz befindet, können wir unserem Ritter mitteilen, was er zu sagen hat. Klicke dazu im Explorer auf das „Dialog"-Objekt. In der Palette „Properties" direkt unterhalb der Explorer-Palette tauchen nun einige Optionen auf. Sollte diese Palette nicht geöffnet sein, klicke im „View"-Menü auf „Properties". Zu Allererst aktivierst du die Checkbox neben „InUse", um Roblox Studio wissen zu lassen, dass du diese Dialog-Funktion im Spiel nutzen möchtest.

Überlege nun, was du den Charakter zur Begrüßung sagen lassen möchtest. Da es sich um einen Ritter vor einem Burgtor handelt, ist ein Spruch wie „Seid gegrüßt, Bürger! Wie kann ich euch helfen?" gut geeignet. Lokalisiere die Option „InitialPrompt" und tippe die Grußformel in das leere Feld rechts daneben ein.

Weiter unten in der Liste findest du die Option „Purpose". Da die Wache dem Spieler helfen soll, setze diese Option auf „Help". Im Spiel wird die Wache dadurch ein Fragezeigen (?) über dem Kopf anzeigen, sodass der Spieler auf einen Blick sieht, dass er hier weitere Informationen erhält.

Bislang hat die Wache dem Spieler lediglich eine Frage gestellt. Was fehlt, ist die Möglichkeit für den Spieler, selbst Fragen zu stellen. Dazu klickst du im Explorer mit der rechten Maustaste auf das „Dialog"-Objekt und klickst auf „Insert Object > DialogChoice". Nun erscheint ein entsprechendes Objekt in der Explorer-Palette.

DEN TONFALL DES NPC ÄNDERN

Wenn du möchtest, kannst du die Möglichkeiten zur Konversation mit weiteren „Dialogchoice"-Objekten erweitern. Du kannst sogar den Tonfall des Charakters ändern. Dazu suchst du in der „Properties"-Palette den Eintrag „Tone". Dadurch ändern sich die Farben der Texte in den Sprechblasen. „Neutral" ist blau, „Friendly" („Freundlich") grün und „Enemy" („Feind") stellt den Text in roter Schrift dar.

Die einfachste Frage, die ein Reisender einer Wache stellen kann, ist „Wo bin ich hier?". Wenn du einen Pfad entlang schlenderst und eine Brücke vor einer riesigen Burg erreichst, fragst du dich sicher, wo du hingeraten bist!

Lass uns diese Frage als Auswahloption hinzufügen. Klicke auf das „DialogChoice"-Objekt im Explorer, wenn du es nicht bereits getan hast. Nun lokalisiere in den „Properties" das Objekt „UserDialog". Gib in das leere Feld daneben die Frage ein, die der Spieler stellen können soll. Diese wird im Spiel als Option zum Klicken angezeigt. Hier kannst du einen beliebigen Text eingeben. Um beim Beispiel zu bleiben, entscheide dich für „Wo bin ich hier?". Der Text wird genauso im Spiel erscheinen, wie du ihn zuvor eingegeben hast.

Unter „ResponseDialog" gibst du nun die Antwort der Wache auf die Frage des Spielers ein. Im Beispiel soll die Palastwache sagen: „Das ist Burg Blocktopus und die Hauptstadt des Königreichs von Robloxia. Es wird regiert von seiner Majestät Rob Lox IV."

Um den Dialog abzurunden, musst du nur noch einige wenige Einstellungen vornehmen. Sowohl im „Dialog"- als auch im „DialogChoice"-Objekt solltest du den „Goodbye-Dialog" an deine Vorstellungen anpassen. Standardmäßig wird „Goodbye" angezeigt, du solltest den Text jedoch auf „Auf Wiedersehen!" ändern. Diese Option kann der Spieler anklicken, wenn er die Frage nicht stellen möchte. Nun sollte der Dialog so aussehen wie im Bild rechts.

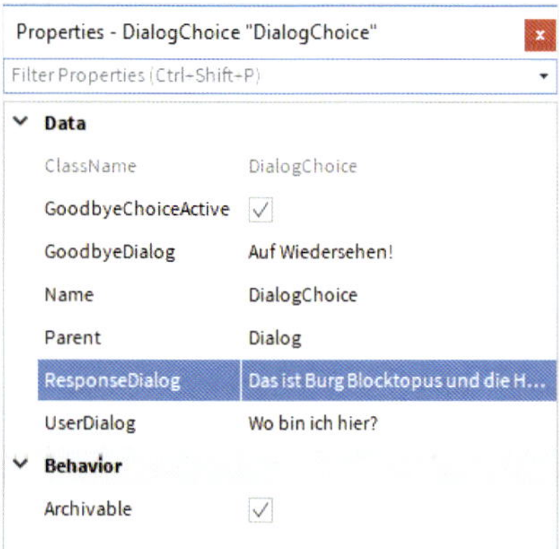

Roblox Corporation
DIE DIALOG-OPTIONEN FÜR DEN RITTER

Die Konversation muss damit nicht beendet sein. Wenn du möchtest, kannst du weitere „DialogChoice"-Objekte hinzufügen, sodass der NPC auch auf weitere Fragen antworten kann. Auf diese Weise kannst du eine ausführliche Konversation zwischen Spieler und NPC einleiten. Im Beispiel könnte der Spieler die Palastwache nach ihrem Namen fragen, woher sie stammt und wie es dem Königreich geht. Auf diese Fragen kannst du dir passende Antworten ausdenken, die der NPC von sich gibt.

Einen Testlauf starten

Nun ist der Dialog fertig! Du kannst nun direkt ins Spiel springen und alles austesten. Wenn du deinen Spieltest startest, nutze am besten die Option „Play Here", damit dein Avatar direkt vor der Palastwache erscheint. Gehe in die Nähe der Wache und klicke auf das Fragezeichen. Es folgt die zuvor eingegebene Begrüßung und links unten ein Auswahlfeld mit den Dialog-Optionen. Diese hast du zuvor im „UserDialog" vorgegeben. Klicke die Option „Wo bin ich hier?" an und der Ritter gibt bereitwillig Auskunft.

Roblox Corporation

PLAUDERN MIT DER PALASTWACHE IM FANTASY-KÖNIGREICH

WEITERE CHARAKTERE HINZUFÜGEN

Denk dir weitere Charaktere aus, auf die ein Spieler in deinem Game treffen könnte. Sprenkle deine Spielwelt mit mehreren NPCs, die zufällige Geschichten zum Besten geben und den Spieler mit Tipps und Ratschlägen unterstützen. Selbst wenn deine NPCs stillstehen, müssen sie keinesfalls langweilig sein.

* * *

So machst du in Roblox Charaktere, mit denen die Spieler interagieren können. Mit dem erworbenen Wissen kannst du nun ganze Städte mit coolen und interessanten NPCs füllen. Nun ist es an der Zeit zu lernen, wie du deine Robox-Games mit spannenden Quests und Abenteuern füllst und damit noch interessanter gestaltest!

KAPITEL 11

QUESTS GESTALTEN

STOP

Mit den Grundlagen und fortgeschrittenen Prinzipien des Game-Designs kannst du in Roblox folgende Dinge vollbringen:

1. Du kannst nun deine besten Ideen in einem Spiel zum Leben erwecken.
2. Du kannst echte Spielinhalte (wie ein Spielziel) hinzufügen, um deine Games viel interessanter zu gestalten.

Einer der besten Wege, den Spieler aufs Beste zu unterhalten, ist das Hinzufügen von Quests, Missionen, spezifischen Zielen und Belohnungen. In diesem Kapitel lernst du:

- die Entwicklung einer interessanten Story,
- die besten Methoden zum Hinzufügen von Quests und Spielzielen,
- wann du **keine** Ziele hinzufügen solltest,
- wie du Inhalte so verteilst, dass die Spieler nicht davon überwältigt werden.

BAUE QUESTS IN DEIN SPIEL EIN

Deine Spieler brauchen gute Gründe, um deine Welten zu erforschen. Dazu zählen unter anderem:

- Monster in einer Höhle nahe eines Dorfs entdecken,
- Dorfbewohner fragen, ob sie Hilfe brauchen,
- die Suche nach einem verlorenen Schatz,
- sich mit Hilfe von Wegweisern zurechtfinden.

GENRES, DIE VON QUESTS PROFITIEREN

Quests machen nicht in allen Spiele-Genres Sinn.

GENRES, DIE FÜR QUESTS GEEIGNET SIND

Rollenspiele (kurz RPGs) und Adventures leben von Quests, die dem Spieler detaillierte Informationen über die Welt vermitteln und die Story vorantreiben.

WANN DU AUF QUESTS VERZICHTEN SOLLTEST

Wenn du über die Integration von Quests in dein Spiel nachdenkst, kommst du schnell zu dem Schluss, dass jedes Element Teil einer Quest sein sollte. Du verspürst vielleicht den Wunsch, alle paar Meter einen NPC aufzustellen, der die Geschichte der Welt erzählt. Dieser Versuchung solltest du unbedingt widerstehen!

Denke an alle Games, die du gespielt hast. Zu viele Dialoge habe dich sicherlich abgeschreckt. Spieler mögen direkt unterhalten werden und nicht minutenlang Texte lesen, bevor sie loslegen können. Andernfalls langweilen sie sich und beenden das Spiel. Folgende Genres brauchen keine Quests, um zu funktionieren:

- kampforientierte Action-Games,
- Obbys, in denen das Spielziel von vornherein klar ist,
- Rennspiele, in denen du keine Bereiche abseits der Rennstrecke erforschst.

SO SIND QUESTS AUFGEBAUT

Gutes Quest-Design besteht aus drei grundlegenden Elementen, die du in deinen Games verwenden solltest:

EINFACHE GESPRÄCHE MIT NPCS

Der Spieler fragt, der NPC antwortet – das war´s.

VERZWEIGTE KONVERSATIONEN

Dabei handelt es sich um längere Gespräche über verschiedene Themen. Oft fühlen sich solche Dialoge an wie kleine Mini-Games. Je nach Antwort des Spielers kann der NPC unterschiedlich reagieren. Wenn du zum Beispiel einen NPC verärgerst, kann dieser das Gespräch beenden.

SCRIPT-EREIGNISSE

Nach dem Gespräch kann der NPC dem Spieler eine Aufgabe anbieten. Solange diese Aufgabe nicht erledigt wurde, kann das Gespräch nicht fortgesetzt werden. Beispiel: Der NPC erwartet vom Spieler, dass dieser einen Drachen tötet und ihm den Heiligen Gral bringt. Erledigt der Spieler diese Aufgabe nicht, kann er im Game nicht weiterkommen.

QUESTS MIT BEDACHT IN DEINE SPIELE INTEGRIEREN

Wenn du Gefallen am Gestalten von Quests gefunden hast, besteht die Gefahr, dass du es übertreibst und gleich zu Beginn des Spiels alle Geschichten erzählen willst, die dir in den Sinn kommen. Das ist keine gute Idee. Fange lieber mit kurzen und knackigen Dialogen an und füge im Verlauf des Spiels immer ausführlichere und komplexere Konversationen hinzu.

* * *

Du hast sicherlich schon Ideen, wie du die drei grundlegenden Game-Konzepte in deine Projekte einbringen kannst. Nun kannst du sogar Charaktere entwickeln, die über Konversationen und Quests mit deinen Spielern interagieren können!

KAPITEL 12

MULTIPLAYER-GAMES OPTIMIEREN

STOP

Die meisten Roblox-Spiele setzen auf die Interaktion mehrerer Spieler, die gleichzeitig im selben Spiel online sind.

Wenn du zum Beispiel Call of Duty mit mehreren anderen Teilnehmern online spielst, musst du als Team-Mitglied deine Aufgaben erledigen und gegen das andere Team kämpfen. Du kannst deine Kameraden nicht einfach ignorieren. In diesem Kapitel erfährst du:

- welche Genres am besten für Multiplayer-Inhalte geeignet sind,
- warum Mehrspieler-Modi nicht in allen Genres funktionieren,
- wie du sicherstellst, dass sich die Spieler nicht allzu sehr in die Quere kommen,
- was Spieler dazu bringt, nach einer Partie zu deinem Game zurückzukehren,
- wie gutes Multiplayer-Design aussieht.

WELCHE GENRES EIGNEN SICH AM BESTEN FÜR MULTIPLAYER?

Einige der besten Roblox-Games nutzen die Multiplayer-Funktion der Plattform. Vom Design her ist Roblox voll mit Menschen mit ähnlichen Interessen und Vorstellungen, sodass vor allem Titel beliebt sind, die viele Spieler zusammenbringen. Wenn du dir die Liste der besten Roblox-Games aus Kapitel 2 noch mal zu Gemüte führst, wirst du feststellen, dass die meisten Titel für mehrere Spieler ausgelegt sind.

IDEALE MULTIPLAYER-GENRES

Für Multiplayer-Modi sind alle Spiele geeignet, in denen High Scores geknackt und bestimmte Ziele schnell erledigt werden müssen sowie der kompetitive Charakter im Vordergrund steht. Auf der Roblox-Plattform sind fast alle Titel aus folgenden Genres mit Multiplayer-Modi ausgestattet:

- Rennspiele
- Shooter
- Action-Games mit vielen Gegnern

Warum solltest du ein Rennspiel starten, wenn du nicht gegen deine Freunde antreten kannst? Zudem ist es aus Entwicklersicht viel schwieriger, in Roblox Studio computergesteuerte Gegner zu programmieren.

GAMES, DIE OHNE MULTIPLAYER AUSKOMMEN

Nicht jedes Genre braucht Multiplayer-Elemente, um spaßige Spielinhalte zu bieten. Beispiele:

- Wenn sich in deinem Spiel alles um das Schleichen durch ein dunkles Verlies dreht und überall Geister herumfliegen, würden andere Spieler den sanften Grusel nur stören.
- In einem Obby-Game wie Mario würden mehrere Spieler auf dem Bildschirm lediglich die Übersichtlichkeit trüben, was die Steuerung unnötig erschwert.

Das waren nur zwei Beispiele von vielen.

SINGLEPLAYER-GAMES IN ROBLOX GESTALTEN

Fast alle Titel in Roblox sind auf Multiplayer ausgelegt. Wenn du ein Game spielst und ein anderer Spieler auf dieselbe Idee kommt, landet er in derselben Welt wie du. Dieses Feature kannst du nicht ausschalten. Wenn du nun ein Singleplayer-Game gestalten willst, musst du die anderen Spieler in Bereichen erscheinen lassen, die nichts mit dem eigentlichen Level zu tun haben. Auf diese Weise werden potenzielle Neuzugänge ausgesperrt und das Spiel fühlt sich an wie ein Singleplayer-Titel. Gespräche zwischen den Spielern sind möglich.

UMGANG MIT LÄSTIGEN SPIELERN

Eines der größten Probleme in Online-Spielen sind sogenannte „Griefer“ (von engl. „to grief“, jemandem schaden/ihn quälen). Die meisten Spieler verhalten sich anständig, doch manchmal fängst du dir Kameraden ein, die Freude daran haben, anderen den Spaß zu verderben.

Glücklicherweise bietet Roblox einige Werkzeuge, um solchen Griefern beizukommen, darunter weitreichende Chat-Moderation und die Möglichkeit, Störenfriede zu melden. Dennoch solltest du beim Gestalten deiner Roblox-Spiele stets im Hinterkopf behalten, dass es solche Spieler gibt, und bereits im Vorfeld geeignete Gegenmaßnahmen ergreifen. Nachfolgend ein paar Tipps, wie du dich gegen Griefer wappnest.

UNTERSCHIEDLICHE SPAWN-PUNKTE

Du kannst Spieler an unterschiedlichen Stellen im Spiel auftauchen („spawnen“) lassen, wie du bereits früher in diesem Buch erfahren hast. Eine weitere Methode sind Spawnpunkte in abgeriegelten Bereichen. Das geht ganz einfach: Erinnerst du dich an das Spawn-Feld in unserem ersten Obby? Verteile einfach mehrere dieser Objekte in der Spielwelt, sodass die Teilnehmer weit voneinander entfernt in unterschiedlichen Bereichen erscheinen.

ROBUX VERLANGEN

Die meisten Griefer handeln aus niederen Instinkten, nur um anderen Menschen zu schaden. Niemand bezahlt gerne dafür, lediglich einigen anderen Personen den Spaß zu verderben – deshalb ist es höchst unwahrscheinlich, dass Griefer sich für ein Spiel anmelden, das nur durch Zahlung eines bestimmten Robux-Betrags zugänglich ist.

EINE KNALLHARTE PRÜGELEI VERANSTALTEN

Das klingt zwar genau nach dem Gegenteil von dem, was du eigentlich tun möchtest, doch es funktioniert tatsächlich. Statt die Spieler zur Zusammenarbeit zu ermutigen, lass sie in knallharten Wettbewerben gegeneinander antreten. In teambasierten Games können Griefer viel Schaden anrichten, doch in kompetitiven Titeln machen sie genau das, was alle anderen machen: anderen Spielern ordentlich eins auf die Mütze geben.

SPIELER ZUR RÜCKKEHR BEWEGEN

Wenn du an einem neuen Spiel herumtüftelst und es beginnt, wirklich Spaß zu machen, solltest du dir bereits während des Entwicklungsprozesses einige Gedanken über die Spieler machen. Du musst viel Zeit investieren, um sicherzustellen, dass die Spieler genug Spaß haben, um regelmäßig zu deinem Game zurückzukehren.

SPIELE MIT FREUNDEN ENTWICKELN

Du kannst in Roblox auch Spiele zusammen mit deinen Freunden entwickeln, was im Fachjargon als „Team Create" bezeichnet wird. Im „View"-Menü von Roblox Studio klickst du auf den Button „Team Create" und schon kannst du deine besten Freunde einladen, um zusammen mit dir am neuen Game zu arbeiten. Jeder kann eigenständig Inhalte hinzufügen!

Auch wenn sich die Spiele, die wir bisher entwickelt haben, gut zum Einstieg ins Game-Design eignen, werden sie die wenigsten Roblox-User hinter dem Ofen hervorlocken. Dazu sind sie einfach zu simpel gestrickt. Deshalb nachfolgend einige Ideen, wie du deine Games interessanter gestaltest, um Spieler zur Rückkehr zu bewegen.

ZUFÄLLIGE ELEMENTE HINZUFÜGEN

Wenn dein Game sehr geradlinig ist, der Spieler also nur von Punkt A nach B gelangen muss, um es zu gewinnen, wird es niemand ein weiteres Mal spielen. Ist ein solches Spiel extrem spaßig, wird es vielleicht noch ein bis zwei weitere Male gespielt werden, doch das war´s dann.

Deshalb sind zufällige Spielelemente eine gute Idee: Gegner tauchen an verschiedenen Orten auf, Ereignisse starten zufällig, Belohnungen variieren und so weiter. Wenn Spielelemente nicht vorhersehbar sind, werden Spieler viel wahrscheinlicher wiederkommen. Ein gutes Beispiel für zufällige Inhalte ist dieses Script des Users Sporkyz, mit dem du Spieler oder NPCs an zufälligen Orten in der Spielwelt erscheinen lassen kannst:

```
HHHTTT = Instance.new("Model", game.Workspace)
HHHTTT.Name = "SPLocate"

wait()
script.FirstSpawn:Destroy()

while wait() do
Instance.new("SpawnLocation", game.Workspace.SPLocate)
game.Workspace.SPLocate.SpawnLocation.Duration = 0
game.Workspace.SPLocate.SpawnLocation.Anchored = true
game.Workspace.SPLocate.SpawnLocation.CanCollide = false
game.Workspace.SPLocate.SpawnLocation.Transparency = 1
game.Workspace.SPLocate.SpawnLocation.CFrame =
CFrame.new(math.random(-349,486),0,math.random(-349,486))
wait(1)
game.Workspace.SPLocate.SpawnLocation:Destroy()
end
```

BEWEGE SPIELER ZUR ZUSAMMENARBEIT

Ein weiteres Rezept für einen hohen Wiederspielwert ist das gemeinsame Hinarbeiten mehrerer Spieler auf ein gemeinsames Ziel. Damit sorgst du für mehr Spannung und Abwechslung, denn Spieler reagieren immer anders und werden niemals genauso agieren wie andere Spieler.

NEUE INHALTE ANBIETEN

Du kannst dein Spiel regelmäßig um neue Inhalte erweitern. Wenn du ein beliebtes Obby mit zehn Levels gestaltet hast, erweitere es immer wieder um ein paar neue Levels und locke die Spieler per Update erneut ins Game.

BADGES UND ENTWICKLER-PRODUKTE

Spieler sind Jäger und Sammler – deshalb solltest du sie Erfolge sammeln lassen. Aus diesem Grund sind Badges so beliebt! Du kannst Badges als Belohnungen für bestimmte Errungenschaften im Spiel integrieren. Füge immer wieder neue Badges hinzu, um die Spieler regelmäßig zur Wiederkehr zu bewegen.

SPRICH MIT DEINEN SPIELERN

Wenn dir die Ideen ausgehen, kannst du jederzeit deine Spieler um ein Feedback bitten. Stelle einen Beitrag zu deinem Game ins Forum und frage die Spieler nach potenziellen Verbesserungsvorschlägen.

* * *

Nun kannst du deine Games fit machen für den Multiplayer-Betrieb. Die besten, beliebtesten und meistgespielten Games auf Roblox setzen auf Mehrspieler-Spaß mit mehreren Teilnehmern, die gleichzeitig online sind.

KAPITEL 13

DEIN SPIEL VOLLENDEN

Der erste Eindruck zählt. Wenn sich ein Spieler zum ersten Mal in dein Game einloggt, wird dieser Moment auf immer und ewig seine erste Erfahrung mit deiner Produktion sein. Egal, was du tust, du kannst die Eindrücke, die ein Spieler während der ersten Minuten sammelt, nie wieder ungeschehen machen. Für einfache Roblox-Games, die meist kostenlos sind, spielen die ersten Momente eine enorm große Rolle.

Auf der anderen Seite ist ein guter Schluss fast genauso wichtig wie der erste Eindruck. Auch hier hast du keinen Einfluss mehr darauf, was der Spieler nach dem Beenden deines Games empfindet. Ein langweiliges, schlechtes oder vorhersehbares Ende kann ein ansonsten sehr gutes Spiel ruinieren. Um dies zu verhindern, musst du wissen, wie man ein gutes Ende gestaltet. In diesem Kapitel lernst du deshalb, wie du:

- Modelle weiterbearbeitest und anpasst,
- Soundeffekte und Musik hinzufügst,
- den Himmel veränderst,
- eine Bestenliste erstellst,
- das Spiel für die Veröffentlichung finalisierst.

OBJEKTE VERÄNDERN UND AN DEINE WÜNSCHE ANPASSEN

Eigene und angepasste Inhalte sind ein Garant für einen eigenständigen, originellen Look deiner Games. Allerdings solltest du niemals Anpassungen vornehmen, um irgendetwas zu verändern, was eigentlich vollkommen in Ordnung ist. Wenn du eine starke Spielidee hast und die Objekte aus der Toolbox perfekt geeignet sind, um die Spielwelt zu gestalten, solltest du diese Objekte weiterverwenden, statt auf Teufel komm raus neue Modelle zu basteln.

Auf der anderen Seite solltest du dich nicht ausschließlich auf das Angebot der Toolbox verlassen. Wenn du ein Objekt mit einer ganz spezifischen Form oder einer bestimmten Farbe einbauen möchtest und in der Toolbox nicht fündig wirst, solltest du das in diesem Buch Erlernte einsetzen und ein eigenes Modell kreieren.

Beim Entwickeln deiner ersten Games (wie jenen, die in diesem Buch beschrieben werden) muss bei weitem nicht alles selbst gemacht sein. Dadurch wirken deine ersten Gehversuche nicht sonderlich originell, doch das ist vollkommen in Ordnung, da du immer noch lernst! Solange dir bewusst ist, was du in zukünftigen Titeln verbessern musst, bist du auf dem richtigen Weg.

Irgendwann wirst du an dem Punkt angelangen, an dem du deine Spiele origineller gestalten möchtest. Der einfachste Weg ist die Anpassung vorhandener Objekte.

TOOLBOX-OBJEKTE VERÄNDERN

Der einfachste Weg, einen eigenen Touch in deine Games zu bringen, ist die Veränderung bereits vorhandener Modelle aus der Toolbox von Roblox Studio. Bereits in Kapitel 6 hast du erfahren, wie das geht. Nachfolgend einige weiterführende Ideen. Tippe das Wort „horse" in die Toolbox ein. Das Bild unten zeigt das Pferd, das ich gefunden und in die Vorlage „Castle" integriert habe.

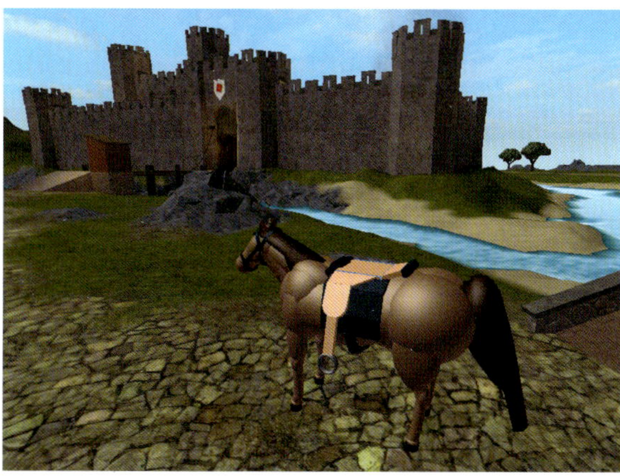

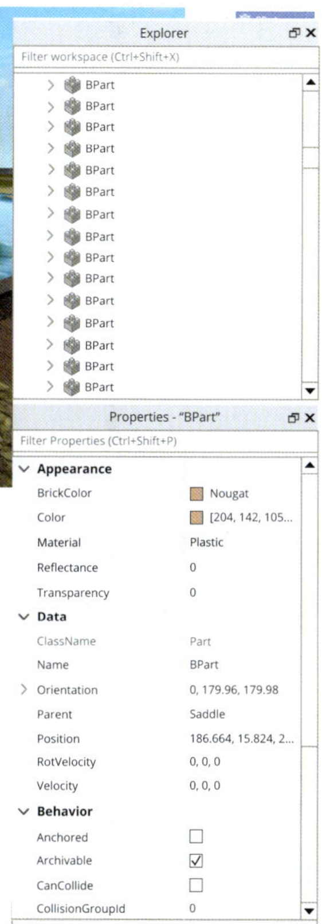

Roblox Corporation
EIN PFERD AUS DER TOOLBOX

Das Pferd aus dem Bild sieht ganz normal aus: Es hat eine schöne Farbe und ist bereits gesattelt. Es hat alles, was man von einem anständigen Reittier erwartet. Doch wie wird es zum Anführer seiner Herde, der sich deutlich vom „Allerwelts-Pferd" unterscheidet? Dazu braucht es einige optische Veränderungen.

Alleine mit einigen wenigen Farbänderungen kannst du deinem Pferd mehr Flair verleihen, damit es sich von der Vorlage unterscheidet. Passe die Farbe einiger Teile des Sattels an, füge goldene Ringe an den Hufeisen hinzu und färbe auch das Zaumzeug in Goldtönen ein. Bereits diese kleinen Änderungen heben das Pferd optisch deutlich von der Ur-Version ab. Füge einige weitere Reittiere hinzu und nimm daran ähnliche Änderungen vor. Wenn du fertig bist, hast du eine kleine Herde mit klar unterscheidbaren Pferden. Das Bild unten zeigt eindrucksvoll, wie stark sich geringe Farbanpassungen auf den Gesamteindruck auswirken.

Roblox Corporation

DREI PFERDE MIT GERINGFÜGIGEN ANPASSUNGEN

Die Bearbeitungsmöglichkeiten in Roblox Studio sind nahezu grenzenlos. Wirf einen Blick auf die Explorer-Palette, die auf Seite 217 zu sehen ist. Hier kannst du jede Menge unterschiedliche Objekte auswählen und bearbeiten. Du kannst sogar die Scripts bearbeiten, um das Verhalten zu ändern. Erinnere dich, wie wir die Tageszeit in unserem ersten Obby in Kapitel 4 geändert und wie wir das Script für den Zombie in Kapitel 9 an unsere Vorstellungen angepasst haben.

Mit einer Prise Kreativität, ein wenig Geduld und Wissen im Umgang mit Computern fällt es dir nicht schwer, deine Games wirklich eigenständig und originell aussehen zu lassen. Wenn du Modelle von Grund auf neu gestalten möchtest, lies einfach in Kapitel 6 dieses Buchs nach.

EIGENE SOUNDS VERWENDEN

Einer der besten Wege zu mehr Eigenständigkeit für deine Games ist das Ersetzen der vorgefertigten Musik und der Soundeffekte. Die richtige Hintergrundmusik und die passenden Soundeffekte können dazu führen, dass Spieler dein Game wesentlich öfter als nur ein Mal starten.

AUDIO-DATEIEN HOCHLADEN

Das Hochladen von Sound-Dateien muss mit Robux bezahlt werden. Jede hochgeladene Datei wird überprüft, ob sie für alle Altersgruppen geeignet ist. Neben dieser Prüfung auf anstößige Inhalte darf der Sound-Clip darüber hinaus nicht länger als sieben Minuten sein und eine maximale Dateigröße von 19,5 MB aufweisen. Die Robux-Gebühr ist von der Länge, der Größe und dem Inhalt der Datei abhängig.

Du kannst Soundfiles direkt auf die Roblox-Website hochladen. Dazu klickst du im Hauptmenü auf „Erstellen" und beim ersten Besuch auf den Link „Meine Games verwalten". Daraufhin gelangst du in das Fenster „Erstellen" mit jeder Menge Optionen in der linken Randleiste, unter denen sich auch der Eintrag „Audio" befindet. Wenn du diesen Bereich bereits öfter besucht hast, kannst du dir den Umweg über den ersten Link sparen und gelangst direkt ins Auswahlmenü.

Sobald du die Option „Audio" angeklickt hast, gelangst du in den Bereich „Create an Audio". Hier wirst du nochmals über die Einschränkungen in Sachen Cliplänge und Dateigröße informiert, bevor du auf den Button „Datei auswählen" klickst. Nun suchst du die entsprechende Datei auf der Festplatte und wählst diese per Doppelklick aus.

VORHANDENE ROBLOX-SOUNDS VERWENDEN

Wenn du vordefinierte Sounds von Roblox verwenden möchtest, kannst du diese in der Toolbox unter der Kategorie „Audio" suchen und auswählen.

DEN HIMMEL VERÄNDERN

Der Standard-Himmel in den meisten Roblox-Games sieht großartig aus. Ein klarer, blauer Himmel mit vereinzelten

Wolken und einer aufgehenden Sonne sorgt für einen klassischen Look in den meisten Game-Projekten. Manchmal möchtest du jedoch einen etwas anderen Look für den Hintergrund deines Games haben. Früher im Buch haben wir den Himmel durch Ändern der Tageszeit dunkler gemacht. Doch es gibt auch die Möglichkeit, die komplette Grafik des Himmels in Roblox Studio auszutauschen!

WAS IST EINE SKYBOX?

Wie viele andere Game Engines verwendet auch Roblox eine sogenannte „Skybox". Dabei handelt es sich um eine Sammlung mehrerer miteinander verknüpfter Bilder, die zusammen die Illusion eines Firmaments erzeugen, das um die Spielwelt kreist. Da die einzelnen Bilder exakt zueinander passen müssen, ist die Montage einer Skybox ein schwieriges Unterfangen. Wenn schon das Anbringen eines Aufklebers oder einer Displayschutzfolie für dein Handy recht knifflig ist, kannst du dir sicher vorstellen, wie schwer das Anpassen von Einzelbildern für einen dreidimensionalen Himmel sein kann.

EINE NEUE SKYBOX HERUNTERLADEN

In den Roblox-Foren, unter Google oder in der Toolbox kannst du viele vorgefertigte Skyboxes finden. Die Eingabe von „skybox" in die Suchleiste genügt. Wenn du die Skybox anklickst, wird der Himmel über deiner Spielwelt automatisch angepasst und glänzt mit einem neuen Look.

EINE RANGLISTE HINZUFÜGEN

Eine der wichtigsten Erweiterungen für den Feinschliff deiner Games ist die Integration einer Rangliste (Fachjargon „Scoreboard"). Diese zeigt den Spielern ihren aktuellen Punktestand an, den sie während der Partie erzielt haben.

Zur Erstellung eines Scoreboards in Roblox ist eine Prise Scripting erforderlich. Im Model-Bereich der Roblox-Website und der Toolbox von Studio sind Dutzende passende Scripte verfügbar. In diesem Beispiel nutzen wir das offizielle „Leaderboard"-Script von Roblox, das du unter dem Link www.roblox.com/library/53310/Leaderboard findest.

Das Script blendet in der oberen rechten Bildschirmecke eine Liste mit den Namen der aktiven Spieler ein. In der zweiten Spalte werden die Kills der Spieler unter „KOs" angezeigt. Die Spalte „Wipeouts" zeigt wiederum die Tode der Spieler während der laufenden Partie an.

Dieses Script kannst du auf folgende zwei Arten in dein aktuelles Game integrieren:

1. Wenn du den Link auf die Roblox-Website verwenden möchtest, klicke einfach im Web-Browser auf den Button „Holen". Daraufhin ist das Leaderboard unter „Mein Inventar" im Bereich „Modelle" zu finden. In Roblox Studio wählst du in der Toolbox die Option „My Models" und klickst auf den Eintrag „Leaderboard", um das Script zu integrieren.

2. Möchtest du dir ein Script direkt in Roblox Studio aus der Toolbox holen, gib einfach das Wort „Leaderboard" in das Suchfeld ein. Du erhältst Dutzende Treffer, unter denen sich auch das offizielle Leaderboard befindet. Dieses erkennst du am Autorennamen „ROBLOX" unterhalb des Icons.

Ein Doppelklick auf das „Leaderboard"-Model genügt, um das Script zu deinem Game hinzuzufügen. In der Explorer-Palette rechts erscheint das Script als „LinkedLeaderboard". Eine ausführliche Beschreibung der Script-Befehle würde den Rahmen dieses Buchs sprengen.

Roblox Corporation
EINE RANGLISTE IN EINEM ROBLOX-GAME

Mehr musst du nicht tun, um dein Spiel mit einer Rangliste auszustatten. Das Script zählt automatisch alle Kills und Tode in einem kompetitiven Multiplayer-Game, wie im Screenshot oben gut zu sehen ist. Eine Anpassung der Darstellungsweise erfordert fundierte Programmierkenntnisse.

GAMES VERÖFFENTLICHEN

Wenn du dein Spiel vollendet hast – egal, ob es sich um ein Obby, ein Rennspiel, ein Action- oder ein Adventure-Game handelt – ist es an der Zeit, es auf Roblox zu veröffentlichen. Man spricht dabei von „Publish".

Die letzten Schritte vor der Veröffentlichung sind sehr einfach und mit dem Hochladen eines Modells vergleichbar. So gehst du dabei vor:

1. Prüfe dein Spiel gewissenhaft auf eventuell verbliebende Fehler und Ungereimtheiten.
2. Klicke auf den Button „File" in der oberen linken Ecke von Roblox Studio und erstelle mit „Save as ..." eine Kopie des Games auf deinem Computer.
3. Öffne erneut das „File"-Menü und wähle diesmal die Option „Publish to Roblox as ...".
4. Klicke auf den Link „Create New", um einen brandneuen Ort für dein Spiel zu erstellen.

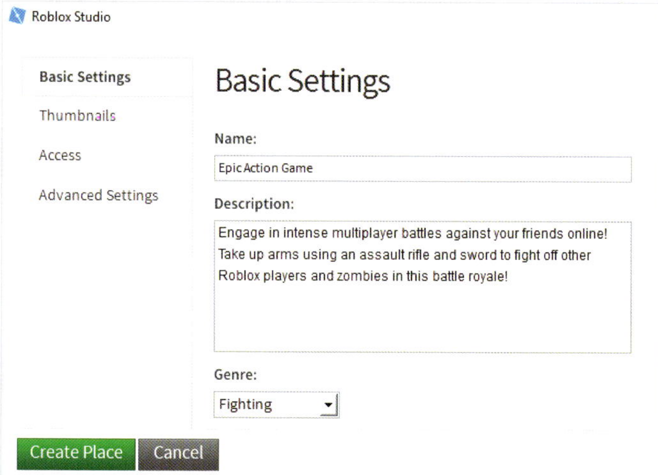

Roblox Corporation
IN DIESES FENSTER GIBST DU DETAILS ZU DEINEM SPIEL EIN.

5. Nun erscheint der Dialog aus dem Bild oben. Hier gibst du grundlegende Informationen zu deinem Spiel ein, z.B. den Namen, eine kurze Beschreibung und das Genre. Schau dir die Beschreibungen anderer Spiele an, um einen Eindruck zu bekommen, was in diesen Feldern stehen sollte.
6. Über die Option „Thumbnails" in der Randspalte kannst du Bilder deines Spiels hochladen.
7. Unter „Access" bestimmst du, wer dein Game spielen darf. Du kannst das Spiel auf Computer, Telefone, Tablets und Konsolen beschränken oder alle vier Varianten erlauben. Hier kannst du auch die Spielerzahl einschränken und die bevorzugte Zahl vorgeben. Du kannst sogar den Zugriff ausschließlich

auf Mitglieder des Builders Club beschränken oder VIP-Server einrichten, wo die Spieler Robux bezahlen müssen, um in dein Game zu gelangen.

8. Die Option „Advanced Settings“ enthält eine detaillierte Beschreibung des Genres und bestimmter Eigenschaften deines Spiels. Du kannst hier auch die erlaubte Ausrüstung bestimmen und weitere Einstellungen wie Chat-Einschränkungen vornehmen.

Sobald du alle Einstellungen vorgenommen hast, klicke auf den Button „Create Place“ und schon wird dein Game hochgeladen und für jeden Spieler verfügbar gemacht!

* * *

Nun weißt du, wie du dein Spiel so anpasst, dass es sich von anderen Games abhebt und du es somit zu etwas ganz Eigenem machen kannst. Es gibt noch viele weitere Wege zur Individualisierung, die du mit der Zeit kennenlernen und nutzen wirst.

Nun bleibt nur noch ein Kapitel in diesem Buch übrig. In diesem Kapitel wirst du erfahren, wie du mit Roblox echtes Geld verdienen kannst. Danach bist du gut gerüstet für all deine Roblox-Aktivitäten – bleibt nur noch ein Abschnitt für Eltern sowie eine Beschreibung weiterer Roblox-Ressourcen zur Erleichterung deines Lebens als waschechter Game-Designer.

KAPITEL 14

GELD VERDIENEN MIT ROBLOX

Das letzte Kapitel konzentriert sich auf die Möglichkeiten, mit Roblox echtes Geld zu verdienen. Jeder weiß, dass man unter Roblox Tausende Spiele kostenlos zocken und eigene Titel gratis zur Verfügung stellen kann. Doch weißt du auch, dass du mit deinen Spielen echtes Geld verdienen kannst?

Ja, du kannst! Es gibt sogar mehrere Wege, in Roblox Geld zu machen, und viele davon sind sehr einfach. Das bedeutet natürlich nicht, dass du nun zum Millionär wirst und Schule oder Job an den Nagel hängen kannst. Doch wenn deine Eltern damit einverstanden sind, kannst du über Roblox ein nettes Zusatzeinkommen generieren. Das letzte Kapitel dieses Buchs beschäftigt sich mit folgenden Themen:

- die Robux-Währung,
- Geld verdienen mit eigenen Games,
- mit Gegenständen handeln,
- Promotion-Links verwenden,
- Abzocke durch Sites und bestimmte Games vermeiden.

SO FUNKTIONIERT ROBUX

Da Roblox ausschließlich mit der virtuellen Währung Robux arbeitet, ist das Geldverdienen ein wenig komplizierter als in der realen Welt, wo man anderen Menschen direkt Dinge verkaufen kann. Echtes Geld wird über die Roblox-Plattform in die digitale Währung Robux umgewandelt. Diese Währung kann von den Usern in Roblox für Gegenstände, Games und Dienstleistungen ausgegeben werden. Wenn ein bestimmter User etwas zum Verkauf anbietet, erhält er einen Teil der Robux-Einnahmen.

Sobald ein User genug Robux gesammelt hat, kann er diese über das „Developer Exchange Program" in echtes Geld umwandeln lassen. User werden also nie direkt mit Bargeld ausbezahlt, sondern gehen den Weg über die Robux-Börse. Das ist vergleichbar mit einem Spielcasino, in dem du mit Jetons spielst, die erst am Ende gegen Echtgeld getauscht werden.

Es gibt eine Menge potenzielle Wege, in Roblox Geld zu verdienen, weshalb sich dieses Kapitel eingehend mit den verschiedenen Varianten auseinandersetzt.

GELD VERDIENEN IST NICHT LEICHT

Der Weg zum Geldverdienen auf der Roblox-Plattform ist sehr lang und hart. Allein die Kenntnisse über die Entwicklung einfacher Spiele wie jenen, die in diesem Buch beschrieben wurden, reichen bei weitem nicht aus, um Geld zu machen.

Selbst eine großartige Spielidee, deren Realisierung und die Rekrutierung jeder Menge Spieler ist noch kein Garant dafür, dass du damit Geld verdienst. Wenn du dich als Robox-Entwickler betätigen willst, solltest du dies aus den richtigen Beweggründen heraus tun – schnell reich zu werden, gehört leider nicht dazu.

Keine Sorge, trotz all dieser Einschränkungen ist es dennoch möglich, Geld in Roblox zu verdienen!

GELD VERDIENEN MIT GAMES

Die meisten Besucher der Roblox-Plattform verbringen ihre Zeit mit dem Spielen von Games. Es gibt noch viel mehr zu tun – vom Plaudern mit Freunden, Nachrichten verschicken, Gegenstände handeln und deinen Avatar ausstatten bis hin zum Game-Design in Roblox Studio – doch der mit Abstand wichtigste Beweggrund für Millionen von Besuchern ist ganz einfach das Zocken.

Der beste Weg zum Geldverdienen in Roblox ist die Kombination dieser drei Aktionen: Spieler für den Zugang bezahlen lassen, Spiel-Pässe verkaufen und Gegenstände anbieten. Beschränkst du dich auf nur eine Aktion, schränkst du deine Möglichkeiten unnötig ein. Stelle dabei immer sicher, dass du reelle Preise aufrufst.

ZUGANG PER ROBUX GEWÄHREN

Der bekannteste und meistverwendete Weg, in Roblox Geld zu verdienen, führt über das direkte Bezahlen für den Zugang zu einem Spiel. Wenn du dich auf der Roblox-Website umsiehst, wirst du feststellen, dass die meisten Spiele kostenlos sind. Du musst lediglich den großen, grünen Button „Play“ drücken und schon kannst du direkt loslegen, ohne einen Cent zu bezahlen.

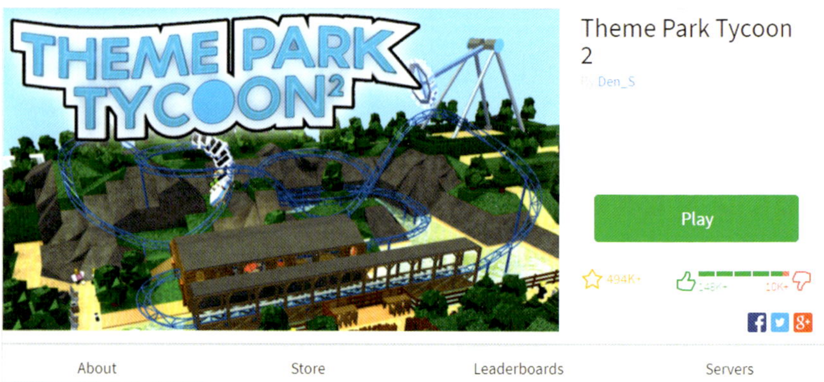

Roblox User: Den_S

DER EINSTIEGSBILDSCHIRM IN DAS SPIEL THEME PARK TYCOON 2

Wie du im Bild oben sehen kannst, ist der Zugang zum Spiel Theme Park Tycoon 2 kostenlos (Fachjargon „Free to play“, kurz „F2P“). Die meisten Spiele auf der Roblox-Plattform sind ähnlich leicht verfügbar.

Dennoch kann es sich lohnen, Spieler für den Zugang bezahlen zu lassen. Statt eines „Play“-Buttons verfügen solche Games über einen „Buy Access“-Button, der den benötigten Betrag in Robux enthält.

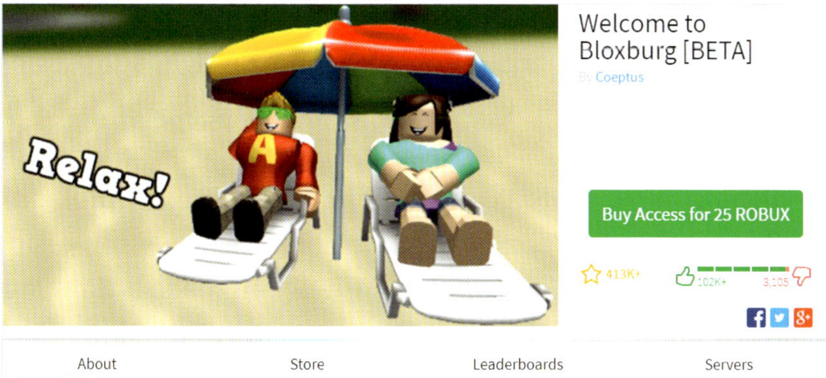

Roblox User: Coeptus
DER EINSTIEGSBILDSCHIRM VON WELCOME TO BLOXBURG

In diesem Bild kannst du erkennen, dass der Zugang zu Welcome to Bloxburg 25 Robux kostet. Klickst du diesen Button an, werden 25 Robux von deinem Konto abgezogen. Sobald du den Zugang einmal erworben hast, kannst du das Game beliebig oft spielen – genau so wie viele Smartphone-Apps oder Konsolentitel zum Herunterladen.

Obwohl es sich bei dieser Bezahlmethode um die am häufigsten verwendete handelt, ist nicht gesagt, dass es auch die beste ist. Sobald die Spieler den Zugang erworben haben, werden sie keine weiteren Zahlungen mehr leisten und du kannst keine weiteren Einnahmen generieren.

SPIEL-PÄSSE

Eine weitere beliebte Methode ist das Verkaufen von Spiel-Pässen (engl. „Game Passes"). Diese Variante ist sehr beliebt bei Spielen auf Smartphones, Computern und Konsolen wie der PlayStation 4 oder Xbox One und ist unter dem Namen „DLC" bekannt. Das bedeutet ausgeschrieben „Downloadable Content" (herunterladbarer Inhalt). Spiel-Pässe sind DLCs sehr ähnlich.

Sobald ein Spieler den Zugang zu deinem Spiel gekauft hat (oder es ganz einfach umsonst spielt), kann er im Store-Bereich des Games gegen eine einmalige Zahlung mehrere Varianten von Spiel-Pässen erwerben. Diese Pässe können viele verschiedene Gegenstände, Belohnungen oder Vergünstigungen enthalten. Im Bild unten siehst du die optionalen Pässe für Welcome to Bloxburg.

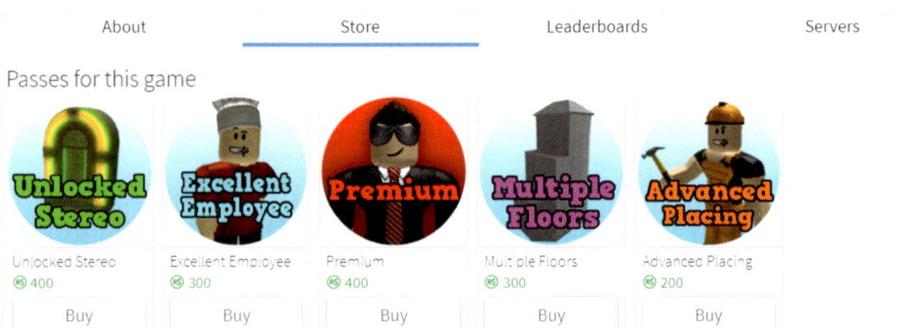

Roblox User: Coeptus
SPIEL-PÄSSE IM STORE VON WELCOME TO BLOXBURG

Die Spiel-Pässe im Beispiel nennen sich „Unlocked Stereo", „Excellent Employee", „Premium", „Multiple Floors" und „Advanced Placing". Wenn du auf einen der Pässe klickst, gelangst du in einen neuen Bildschirm mit einer erweiterten Beschreibung des Passes.

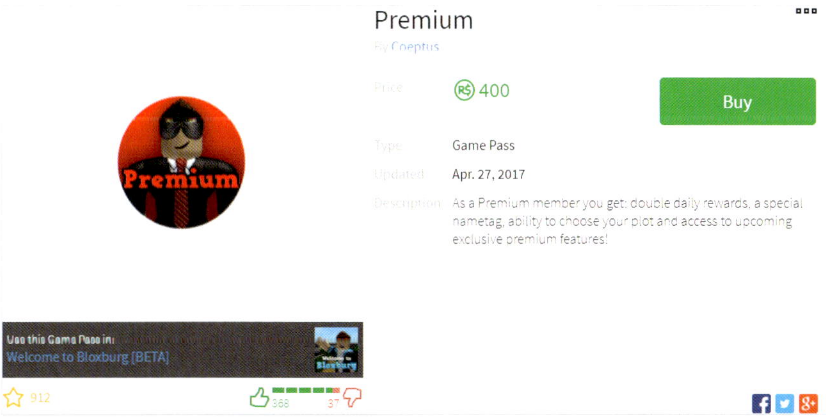

Roblox User: Coeptus

DER SPIEL-PASS „PREMIUM" IN WELCOME TO BLOXBURG

Dieser Spiel-Pass gibt dem Spieler jede Menge verschiedener Boni in der Welt von Welcome to Bloxburg. Nach dem Kauf bekommst du:

- die doppelte Zahl an täglichen Belohnungen,
- eine spezielle Namensanzeige,
- freie Auswahl der Geschichte im Spiel,
- Zugriff auf zukünftige Erweiterungen, die speziell für Premium-Mitglieder gemacht werden.

Wie du siehst, sind solche Pässe für Spieler gemacht, die das Game sehr oft spielen, womöglich jeden Tag. Solche Spieler ziehen den größten Nutzen aus dem Erwerb dieses Spiel-Passes.

Die anderen Spiel-Pässe in Welcome to Bloxburg enthalten vollkommen unterschiedliche Boni:

- Der „Unlocked Stereo Game Pass" erlaubt es dir, jede beliebige Roblox Sound ID als Hintergrundmusik im Spiel auszuwählen.
- Der „Advanced Placing Game Pass" erlaubt das Bauen und Platzieren eigener Objekte in vielen weiteren Bereichen des Spiels.

Einige User bezeichnen ihre Spiel-Pässe schlicht als „Trinkgeld-Dosen" und fragen damit lediglich nach einer Spende für all die harte Arbeit, die sie investiert haben.

Wenn du dir einen Spiel-Pass für dein Game ausdenkst, solltest du stets die Interessen deiner Spieler im Auge behalten. Wenn du beispielsweise ein Obby gemacht hast, kann es Sinn machen, deinen Spielern einen Pass für unendliche Leben zu offerieren. Dagegen macht ein Game Pass wie „Unlocked Stereo" nur wenig Sinn in dieser Art von Spiel.

ENTWICKLER-PRODUKTE

Während Spiel-Pässe nur einmalig verkauft werden, können Entwickler-Produkte wiederholt an den Mann oder die Frau gebracht werden. Solche Produkte kannst du auf vielerlei Weisen in deine Produktionen einbinden.

Spiel-Erleichterungen anbieten

Viele Entwickler bieten Ingame-Währung gegen Robux an, womit die Spieler wiederum Gegenstände innerhalb des jeweiligen Games erwerben können. Stell dir vor, du spielst einen Krieger in einem Rollenspiel und hast nicht genug Gold in der Tasche, um dir ein neues Schwert leisten zu können. Statt nun mühsam Gold im Spiel zu verdienen, kannst du dir die Spielwährung im Shop für Robux kaufen. Solche Spiel-Erleichterungen werden als „Convenience Purchases" bezeichnet und machen Games ein wenig leichter und weniger frustrierend.

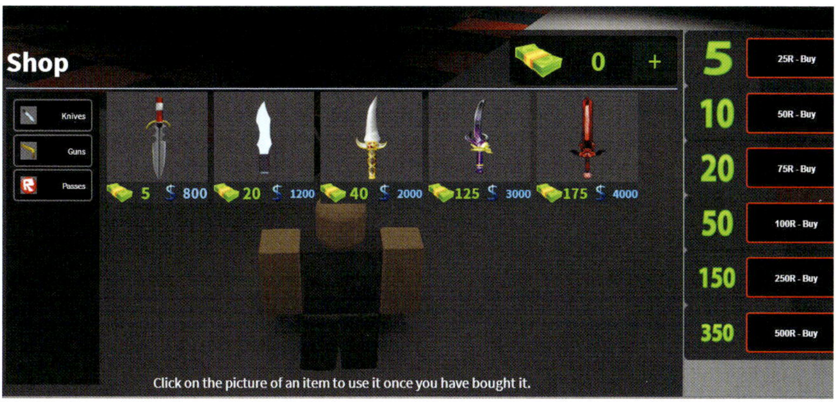

Roblox Corporation
EIN BEISPIEL FÜR EINEN INGAME-SHOP

Im Bild oben siehst du ein gutes Beispiel für den Verkauf von Ingame-Währung innerhalb eines Shops im eigentlichen Spiel.

WEITERE SPIELRECHTE ERWERBEN

Es gibt noch viele weitere Anwendungsbereiche für Entwickler-Produkte. Einige Spiele auf Roblox sind lediglich für einige Runden kostenlos. Möchte der Spieler danach weiterspielen, muss er für die neuen Partien über Entwickler-Produkte bezahlen. Das funktioniert ganz ähnlich wie die Chips für den Autoscooter auf dem Rummelplatz.

MIT LIMITIERTEN ITEMS HANDELN

Während du auf Roblox spielst, stößt du immer wieder auf limitierte Gegenstände. Dabei handelt es sich um Items, die Roblox über einen bestimmten Zeitraum hinweg verkauft hat und die nicht mehr verfügbar sind. Das ist vergleichbar mit einem nicht mehr erhältlichen LEGO-Baukasten oder einer Trading Card, die nicht mehr produziert wird. Konntest du eines dieser Items ergattern, bist du stolzer Besitzer einer Rarität. Da Menschen das Sammeln von raren Gegenständen lieben, kannst du dir sicher vorstellen, wie frustrierend es für solche Personen ist, ein limitiertes Angebot verpasst zu haben.

Roblox sorgt in gewisser Weise dafür, dass dieser Fall sehr häufig eintritt. Ein gutes Beispiel ist die Veröffentlichung einer brandneuen Kopfbedeckung, die jedoch auf eine Stückzahl von 1.000 limitiert ist. Da sich Millionen Spieler auf Roblox tummeln, hat nur ein Bruchteil der Kunden die Chance, ein solches Item zu ergattern.

Hier kommt der Handel mit Items ins Spiel. Wenn du einen limitierten Gegenstand direkt von Roblox kaufst und so lange wartest, bis er nicht mehr verfügbar ist, stehen die

Chancen sehr gut, dass du jemanden findest, der dir das Item für einen deutlich höheren Preis abkauft, als du dafür bezahlt hast.

Diese Strategie birgt jedoch auch einige Risiken:

- Es gibt keine Garantie für die Wertsteigerung eines limitierten Items, auch wenn dies normalerweise der Fall ist.
- Oft kann es sehr schwer sein, einen potenziellen Käufer für dein rares Item zu finden.

Wenn du mit Items handeln möchtest, solltest du unbedingt den Handelsgruppen von Roblox beitreten, um Kaufinteressenten aufzuspüren.

SICH GEGEN ABZOCKE WAPPNEN

Nachdem wir nun die Möglichkeiten zum Geldverdienen in Roblox beleuchtet haben, solltest du auch die Schattenseiten der Plattform kennenlernen. Einige Personen im Internet werden immer wieder versuchen, dich zu belügen und zu betrügen. Deshalb solltest du dich von vornherein gegen solche im Fachjargon als „Scams" bezeichnete Aktionen von potenziellen Betrügern wappnen.

Die meisten Scams finden in den Kommentar-Bereichen von Games, Forenbeiträgen und Nachrichten von anderen

Spielern statt. Viele User legen Konten an, nur um anderen Spielern vermeintlich kostenlose Robux anzubieten. Solche Nachrichten entsprechen **niemals der Wahrheit**. Oftmals wirst du dabei um die Eingabe deiner Kontodaten gebeten oder per Link auf eine Website verwiesen, um deine „kostenlosen Robux" abzuholen. Solchen Scam-Versuchen solltest du niemals trauen. Der einzige Weg zum Erwerb von Robux besteht im Bezahlen über die offizielle Roblox-Site oder über die Mitgliedschaft im Builders Club. Wenn du dich irgendwo anders anmelden sollst, handelt es sich definitiv um einen Scam.

Ebenfalls sehr beliebt in Betrügerkreisen ist das Anbieten von Games, in denen du nur durch das Spielen Robux verdienen können sollst. Dazu sollst du deinen Benutzernamen und dein Passwort eingeben. Auch dabei handelt es sich um einen Scam. **Gib niemals dein Passwort an irgendeine Person weiter.** Du wirst keine Robux erhalten und dein Konto wird missbraucht werden.

Sprich mit deinen Eltern über Online-Sicherheit und Möglichkeiten zum Schutz deines Kontos.

* * *

Geschafft! Du hast das komplette Buch durchgelesen! Gratulation. Nun kannst du damit anfangen, einige großartige Games zu entwickeln!

INFORMATIONEN FÜR ELTERN

Dieser Abschnitt behandelt die meistgestellten Fragen von Eltern und Erziehungsberechtigten zu Roblox.

WIE FUNKTIONIERT ROBLOX?

So wird Roblox betrieben:

- Neue User legen ein Konto mit Benutzernamen und Passwort an, das von einem digitalen Avatar in der Spielwelt repräsentiert wird.
- User unterhalten sich über Ingame-Chats, private Nachrichten und Online-Foren. User können bestimmen, mit wem sie kommunizieren möchten.
- Jeder User erhält einen Ort im Spiel, in dem er Dinge bauen und Spielerfahrungen gestalten kann.
- Beim Spielen von Games können User nur durch ihren Benutzernamen und Avatar identifiziert werden.
- User können mit Echtgeld Robux kaufen (oft als „R$" bezeichnet), eine digitale Währung für die Spielwelt, mit der Premium-Inhalte, Gegenstände oder andere Belohnungen erworben werden können.
- User über 13 Jahre können Gegenstände für Robux verkaufen. Robux kann über das „Developer Exchange Program" in Echtgeld konvertiert werden.

Beim Erstellen eines Kontos muss der User verschiedene persönliche Informationen wie Name, Alter und E-Mail-Adresse angeben. Roblox wird diese Informationen nicht an andere User weitergeben. Alle User unter 13 Jahren benötigen das Einverständnis und die Hilfe ihrer Eltern, um ein vollwertiges Konto einzurichten.

IST DATENSCHUTZ GEWÄHRLEISTET?

Die Datenschutzerklärung von Roblox enthält Informationen über den Umgang mit persönlichen Daten der User, wie auf sie zugegriffen wird und welche Daten weitergegeben werden. Die Erklärung wird regelmäßig aktualisiert, um Änderungen widerzuspiegeln. Sie findet sich unter folgendem Link: www.roblox.com/info/privacy.

WELCHE DATEN SAMMELT ROBLOX VON SEINEN USERN?

Roblox sammelt einige Informationen während des Spielens. Dabei werden Techniken wie Cookies, Scripts und Tags verwendet, um die Vorlieben und Tendenzen des Users auszuwerten. Wenn das Spiel Bugs aufweist oder abstürzt, werden Fehlermeldungen zum Zweck der Fehlerbehebung an Roblox weitergeleitet. Dies ist eine übliche

Vorgehensweise von Websites und Online-Spielen. Dabei werden ähnliche Verfahren verwendet wie beispielsweise bei Amazon, das Ihnen Mails zu Produkten schickt, die Sie interessieren könnten und Web-Anzeigen platziert, die sich auf von Ihnen angesehene Produkte beziehen.

WELCHE JUGENDSCHUTZEINSTELLUNGEN KANN ICH NUTZEN?

Kinder unter 13 Jahren benötigen eine E-Mail-Adresse ihrer Eltern zum Anlegen eines Kontos. Ist dies der Fall, erhält das Kind eine E-Mail mit einem Link auf die Kontoeinstellungen. Kinder unter 13 Jahren können nur im „Privacy Mode" mit Roblox interagieren. Dieses System filtert bestimmte Wörter aus der Kommunikation und verhindert die Kontaktaufnahme außerhalb von Spielen. Chat-Funktionen und Foren sind moderiert, sodass Kinder keine privaten Informationen preisgeben können. Die Textfilter erkennen und entfernen unangemessene Sprache und suggestive Inhalte durch eine Kombination von menschlichen Moderatoren und automatisierten Systemen.

Im Menü „Datenschutz" in den Kontoeinstellungen unter „Meine Einstellungen" können Sie festlegen, wer mit Ihrem Kind Kontakt aufnehmen und direkte Einladungen senden darf. Der erste Abschnitt nennt sich „Kontakteinstellungen" und ist automatisch auf „Standard" gesetzt. Diese Einstellung begrenzt Nachrichten und Chats auf Freunde. Innerhalb von Spielen können andere Spieler mit Ihrem Kind sprechen. Über die weiteren Felder können Sie die Nachrichtenübermittlung, den Chat in der App sowie die Kommunikationsmöglichkeiten in Spielen einschränken.

Unter „Weitere Einstellungen" schränken Sie Einladungen zu VIP-Servern und die Beitritte zu Spielen Ihrer Kinder ein. Die meisten Einstellungen sind darauf beschränkt, dass nur Freunde direkt Kontakt aufnehmen können. Diese Kommunikationsmöglichkeiten lassen sich auch komplett deaktivieren, wenn Sie es für nötig halten.

Wenn Sie eine Frage haben, eine Änderung wünschen oder mehr Informationen brauchen, können Sie mit dem Kundensupport unter info@roblox.com in Kontakt treten.

ETABLIERT ROBLOX VERBINDUNGEN ZU SOZIALEN NETZWERKEN?

Es kann – das muss aber nicht sein. Unter „Meine Einstellungen" findet sich im Menü „Kontodetails" der Abschnitt „Soziale Netzwerke". Hier können Links zu Facebook, Twitter, YouTube und Twitch eingegeben werden. Ganz unten können Sie darüber hinaus noch die Sichtbarkeit unter „Wer kann mich sehen?" ändern. Die Optionen sind „Niemand", „Jeder", „Freunde", „Freunde, Benutzer, denen ich folge, sowie Follower" und „Freunde, sowie Benutzer, denen ich folge". Wenn Sie die Links zu Ihren Konten in den sozialen Netzwerken angeben, können Sie beispielsweise neue Badges automatisch in Ihren Newsfeed aufnehmen lassen, sich über Facebook in Roblox einloggen oder Ihr Profil für Ihre Freunde verlinken.

KANN MEIN KIND UNGEEIGNETE INHALTE SEHEN?

Die Datenschutzfunktionen von Roblox arbeiten gut, aber bei weitem nicht perfekt. Oft werden unverdächtige Spiele veröffentlicht, die den Filter austricksen und Inhalte für Erwachsene enthalten – darunter Kraftausdrücke, Gewalt und Ähnliches. Normalerweise verschwinden solche Inhalte durch Meldungen und Moderation schnell von der Plattform, doch in der Zwischenzeit kann sie Ihr Kind leider zu sehen bekommen.

WAS TUT ROBLOX FÜR DIE SICHERHEIT JUNGER TEILNEHMER?

Roblox hat für seine Website, User-Erfahrung und Spielprogramme das Siegel „kidSAFE-CERTIFIED" erhalten. Die unabhängige Organisation kidSAFE hat damit bestätigt, dass alle Inhalte auf Roblox den aktuellen Anforderungen in Sachen Datenschutz und Sicherheit für Kinder und junge Anwender entsprechen.

Darüber hinaus hat Roblox die zweite Stufe des Siegels „kidSAFE + COPPA-CERTIFIED" erhalten. Die Inhalte entsprechen den Standards des „Children's Online Privacy Protection Act (COPPA)", der bereits seit dem Jahr 2000 besteht. Weitere Informationen über das kidSAFE-Programm und dessen Siegel finden Sie auf dieser Website: www.kidsafeseal.com/aboutourseals.html.

KANN MEIN KIND MIT ANDEREN SPIELERN CHATTEN?

Ja. Jedes Spiel enthält Chat-Boxen, in denen sich Spieler desselben Games austauschen können. In den Datenschutzeinstellungen der Kontos können Sie festlegen, wer Kontakt zu Ihrem Kind aufnehmen kann. Das erste Feld nennt sich „Kontakteinstellungen" und erlaubt die weitreichende Anpassung der Kontaktmöglichkeiten.

WIRD UNANGEMESSENE SPRACHE IM CHAT HERAUSGEFILTERT?

Ja. Doch selbst dann, wenn das Konto für eine Person unter 13 Jahren eingerichtet ist, kann unangemessene Sprache zu

Ihrem Kind vordringen. Viele User sind überaus kreativ darin, ihre Botschaften durch den Einsatz von Sonderzeichen oder Zahlen für die Filter unkenntlich zu machen.

Das Online-Spielen mit anderen Menschen ist immer mit einem gewissen Risiko verbunden, sodass sich nicht viele weitere Gegenmaßnahmen etablieren lassen als jene, die bereits existieren.

WIE VIEL KOSTET ROBLOX?

Roblox bietet vier Mitgliedschaften an. Wenn man ein neues Konto erstellt, landet man im kostenlosen Bereich. Dann kann man zwar Games spielen und auch eigene Spiele entwickeln, doch der Zugriff auf einige weiterführende Funktionen bleibt verwehrt: Man erhält keine tägliche Kaufberechtigung für Premium-Gegenstände, sieht Werbung auf der Website und in Spielen, kann keine Gruppen erstellen, keine Gegenstände verkaufen, keine Bonus-Ausrüstung erhalten und muss mit vielen weiteren Einschränkungen leben.

Der Builders Club bietet drei bezahlte Mitgliedschaften: „Classic", „Turbo" und „Outrageous". Die Vorteile wachsen mit den Kosten. Ob sich eine bestimmte Mitgliedschaft für Ihr Kind lohnt, ist rein subjektiv und vom Spielverhalten Ihres Nachwuchses abhängig.

Wenn Ihr Kind nur gelegentlich kostenlose Games spielen möchte, ist eine Mitgliedschaft im Builders Club nicht erforderlich. Doch wenn Ihr Kind auf der Plattform auch handeln können soll und tiefer in die Community eintauchen möchte, kann sich eine der drei bezahlten Mitgliedschaften durchaus lohnen.

WIE BEHANDELT ROBLOX COPYRIGHTS UND MARKENRECHTE?

Roblox ist eine spaßige, kleine Plattform. Da es sich bei Roblox selbst technisch gesehen um ein Spiel handelt und es nur als Plattform für die Kreationen seiner User fungiert, spielen Copyright-Probleme eine eher untergeordnete Rolle. Allerdings kann es zu Problemen kommen, wenn User komplette Spiele unter Verwendung geschützter Marken oder Charaktere entwickeln, wie beispielsweise „Pokémon Brick Bronze".

Laut der offiziellen Roblox FAQ und den Nutzungsbedingungen dürfen User nur dann mit geschützten Inhalten arbeiten, wenn sie eine schriftliche Erlaubnis des Rechteinhabers vorweisen können. Eine solche Erlaubnis fehlt in den meisten Fällen. Normalerweise sehen Unternehmen großzügig über ambitionierte Fan-Projekte hinweg, doch im Fall von Pokémon Brick Bronze hat Nintendo die Notbremse gezogen, sodass das Original-Game von der Roblox-Plattform verschwunden ist. Aus diesem Grund sollte man den Einsatz geschützter Materialien vermeiden.

WAS IST DIE ROBUX-WÄHRUNG?

User können die digitale, nur auf der Roblox-Plattform verwendbare Robux-Währung mit einer Kreditkarte erwerben. Robux kann üblicherweise über eine einmalige Transaktion oder über ein monatliches Abo bezogen werden. Die virtuelle Währung kann unter anderem für folgende Dinge verwendet werden:

- Zugang zu bestimmten Spielen
- Kleidungsstücke für Avatare
- Spezielle Funktionen oder Level in Spielen

KANN MEIN KIND MIT ROBLOX GELD VERDIENEN?

Wenn Ihr Kind ein Spiel entwickelt oder einen Gegenstand kreiert, der für Robux verkauft werden kann, erhält es einen Anteil der erwirtschafteten Summe auf sein Konto gutgeschrieben, sobald eine Transaktion erfolgt ist. Diese Robux können über das „Developer Exchange Progam" in echtes Geld konvertiert werden, was auch als „Cash out" bezeichnet wird. Die Berechtigung für Cash Outs haben nur User, die über 100.000 Robux verfügen und im Roblox Builders Club eine Mitgliedschaft der Stufe „Outrageous" abgeschlossen haben. Der Wechselkurs zwischen Robux und Echtgeld unterliegt steten Schwankungen – genauso wie die Wechselkurse von realen Währungen.

KOMMT ES AUF DER ROBLOX-PLATTFORM ZU BETRÜGEREIEN?

Bedauerlicherweise ja. Manchmal bieten Spieler kostenlose Robux an. Dafür erstellen sie neue Konten und verbreiten Nachrichten über „Gratis-Robux", die **niemals der Wahrheit entsprechen**. In einigen Games erscheinen Eingabefelder mit der Aufforderung, Benutzername und Passwort einzugeben, um kostenlose Robux zu erhalten. Auch hierbei handelt es sich um eine betrügerische Aktion, die im Internet-Jargon als „Scam" bezeichnet wird. Die Website wird ständig auf derartige Inhalte überprüft, doch es lässt sich nicht vermeiden, dass ab und an solche betrügerischen Nachrichten auf dem Bildschirm erscheinen.

WEITERE RESSOURCEN

Roblox ist eine große und komplexe Plattform. Deshalb kann man bei weitem nicht alles über Roblox lernen, wenn man lediglich dieses Buch liest. Da es sich um eine Online-Plattform handelt, unterliegt Roblox steten Veränderungen. Deshalb ist es nahezu unmöglich, alles darüber zu wissen. Aus diesem Grund habe ich einige zusätzliche Ressourcen zusammengestellt, in denen man nachschlagen und sein Wissen vertiefen kann.

Die offiziellen Ressourcen werden direkt von der Roblox Corporation bereitgestellt. Weitere Ressourcen sind inoffiziell (wie dieses Buch) und werden von Menschen angeboten, die nichts mit der Roblox Corporation zu tun haben.

OFFIZIELLE RESSOURCEN

Nachfolgend eine Liste der offiziellen Ressourcen, die wertvolle Informationen rund ums Spielen und Entwickeln in Roblox enthalten. All diese Ressourcen stammen direkt von der Roblox Corporation, den Entwicklern der Plattform.

Das Roblox-Blog

Auf der Roblox-Website findet man den Roblox-Blog. Alle paar Tage erscheint dort ein neuer Beitrag, sodass es sich lohnt, öfter mal vorbeizuschauen. Im Blog findet man Ankündigungen der Entwickler zu neuen Funktionen, Wettbewerben, Specials und Turnieren im Spiel. Selbst wenn man Roblox seit Jahren spielt, sollte man ab und zu hier vorbeischauen, um sich auf den neuesten Stand zu bringen. Man findet den Roblox-Blog auf der Website über den Menüpunkt „Blog" in der linken Randleiste oder direkt über die URL https://blog.roblox.com.

Roblox in den sozialen Netzwerken

Viele Entwickler von Roblox haben Konten bei den einschlägigen sozialen Netzwerken wie Twitter, Facebook und Instagram. Dabei handelt es sich um offizielle Konten mit Hunderttausenden Followern. Die Twitter- und Facebook-Konten werden meist dazu benutzt, auf neue Beiträge im Roblox-Blog hinzuweisen, während sich auf den Instagram-Konten Bilder und Screens zu den beliebtesten Spielwelten auf Roblox finden. Kinder sollten sich vor dem Besuch dieser Konten mit ihren Eltern abstimmen.

Der YouTube-Kanal von Roblox

Nach dem Durcharbeiten dieses Buches empfehlen wir wärmstens, den offiziellen Roblox-Kanal auf YouTube zu besuchen. Dieser ist vollgepackt mit hilfreichen Videos, die einige der besten Funktionen von Roblox illustrieren. Eine meiner Lieblingsrubriken des Kanals ist die Playlist „Roblox University". Diese enthält jede Menge Tutorials über die Entwicklung spezifischer Games. Kinder sollten Rücksprache mit ihren Eltern halten, bevor sie Videos auf YouTube betrachten.

Roblox Wiki

Das Roblox Wiki ist eine der umfassendsten Informationsquellen zum Thema Roblox, die man im Web finden kann. Hier findet man erschöpfende Informationen über die Plattform, darüber, wie man Objekte baut, Scripts für Aktionen programmiert und vieles mehr. Nach dem Durcharbeiten dieses Buches sollte man sein Wissen mithilfe des Roblox Wiki unter http://wiki.roblox.com vertiefen.

INOFFIZIELLE RESSOURCEN

Neben den offiziellen Ressourcen gibt es im Internet eine Vielzahl inoffizieller Quellen zum Thema Roblox. Die besten und ambitioniertesten User veröffentlichen ihre Erkenntnisse auf YouTube, in Foren und auf Webseiten. Dabei sollte man beachten, dass die Roblox Corporation Inhalte aus solchen alternativen Informationsquellen weder geprüft noch offiziell genehmigt hat.

YouTube-Tutorials

Da sich Millionen von Menschen auf Roblox tummeln, ist es nicht weiter verwunderlich, dass es Tausende Videos zu diesem Thema auf YouTube gibt. Wer sich für Scripting interessiert, ein Spiel aus einem bestimmten Genre entwickeln möchte oder Probleme mit einer bestimmten Funktion hat, wird auf YouTube garantiert fündig. Auch hier gilt: Die Inhalte außerhalb des offiziellen Kanals wurden nicht von der Roblox Corporation geprüft und genehmigt.

Roblox-User-Foren

Das Roblox-Forum wird zwar von der Roblox Corporation betreut, doch die meisten Beiträge stammen nicht von den Entwicklern selbst, sondern von ganz normalen Usern. Einige dieser User wurden von der Roblox Corporation zu Moderatoren erkoren, sodass sie als offizielle Stimmen der Community gelten. Allerdings sind diese Moderatoren nicht bei der Roblox Corporation angestellt.

In den Foren findet man Tausende von Diskussionen, doch nicht alle enthalten korrekte Informationen. Dennoch findet man hier viele hilfreiche Tutorials, Guides und weiterführende Informationen. Die Roblox-Foren haben die URL https://forum.roblox.com.

Andere Bücher

Während ich selbst umfassende Recherchen für dieses Buch angestellt habe, bedeutet dies nicht, dass ich Teil der Roblox Corporation bin. Ich empfehle, auch andere Bücher zum Thema zu lesen, damit man als Leser auch Informationen aus einer anderen Perspektive erhält.

Weitere Ressourcen im Internet

Eine Google-Suche nach bestimmten Themenbereichen von Roblox fördert Tausende Treffer zu Tage, sodass sich eine Web-Suche durchaus lohnen kann. Kids sollten sich mit ihren Eltern abstimmen, bevor sie eine Suche im Internet starten.

INDEX

ÜBER DEN AUTOR

David Jagneaux ist ein Videospiel-Journalist und Zeit seines Lebens Spieleenthusiast. Er hat Beiträge über Technologien und Videospiele für einige der weltweit bedeutendsten Publikationen geschrieben, darunter *IGN*, *Polygon*, *VICE*, *Motherboard*, *GamesMaster* und viele weitere. Er hat als Journalist und Redner an zahlreichen Spielemessen und -konferenzen teilgenommen, wie der Electronic Entertainment Expo (E3), der Game Developers Conference (GDC) und GamesBeat. Seiner Meinung nach sind Videospiele das wertvollste und stärkste Medium zum Erzählen von Geschichten und für den kreativen Ausdruck. David lebt derzeit mit seiner Frau, seinem Sohn und seinem Pembroke Welsh Corgi in Südkalifornien. Mehr zu David und seiner Arbeit findest du auf seiner Website unter DavidJagneaux.com. Du kannst David auch auf Twitter folgen unter @David_Jagneaux.